普通高等教育

"十三五"规划教材

HUANJING SHEJI SHOUHUI BIAOXIAN JIFA

环境设计手绘表现技法

李春郁　屈彦波　著

中国水利水电出版社
www.waterpub.com.cn
·北京·

内 容 提 要

人的思考与表现是同步进行的,手绘表现设计是设计思维信息传递的直接形式,是记录构思、采集资料的便捷工具,是文字语言外的图形语言之一。本书作者结合自己几十年的设计教学与实践,将设计表现技法的点滴心得与经验教训分享给大家。

本书从技法上重点介绍了"设计速写""透明水色表现技法"和"马克笔表现技法",并对计算机表现与手绘表现做了分析和对比。书本内容紧跟时代发展与创新需求,案例丰富,讲述清晰、直观,适用于室内设计专业、景观设计专业、建筑设计专业等多学科教学及参考。

图书在版编目（CIP）数据

环境设计手绘表现技法 / 李春郁,屈彦波著. -- 北京 : 中国水利水电出版社, 2019.9
普通高等教育"十三五"规划教材
ISBN 978-7-5170-7900-2

Ⅰ. ①环… Ⅱ. ①李… ②屈… Ⅲ. ①环境设计-绘画技法-高等学校-教材 Ⅳ. ①TU-856

中国版本图书馆CIP数据核字(2019)第173093号

书　　名	普通高等教育"十三五"规划教材 **环境设计手绘表现技法** HUANJING SHEJI SHOUHUI BIAOXIAN JIFA
作　　者	李春郁　屈彦波　著
出版发行	中国水利水电出版社 (北京市海淀区玉渊潭南路1号D座　100038) 网址：www.waterpub.com.cn E-mail：sales@waterpub.com.cn 电话：(010) 68367658 (营销中心)
经　　售	北京科水图书销售中心 (零售) 电话：(010) 88383994、63202643、68545874 全国各地新华书店和相关出版物销售网点
排　　版	中国水利水电出版社微机排版中心
印　　刷	北京博图彩色印刷有限公司
规　　格	210mm×285mm　16开本　8.75印张　252千字
版　　次	2019年9月第1版　2019年9月第1次印刷
印　　数	0001—3000册
定　　价	**39.80元**

前言
Preface

手绘表现技法在当今艺术设计领域中的价值与作用，是当今设计艺术专业面前一个值得思考的问题，随着时代的变迁，工作方式的快捷，生活节奏的提速，互联网、计算机软件的不断完善与普及，对设计艺术学习提出了新的要求，如何看待手绘与计算机绘图？手绘会消亡吗？有了计算机还要学习手绘吗？

回答这个问题，可以从人的自身找答案。

人的思维与表达需要手、眼、脑的结合，即思考与表现是同步进行的，手绘表现设计是设计思维信息传递的直接形式，是记录构思、采集资料的便捷工具。手绘设计表现技法是文字语言外的图形语言之一，受到行业内外的广泛关注。作者结合自己几十年的设计教学与实践，将设计表现技法的点滴心得与经验教训呈现给专业及关注专业发展的朋友们，呈现给进行专业学习的朋友们，还望得到大家的批评指正。

伴随着科学技术的发展，表现技法也在发生着变化。"设计表现技法"的课时与教学内容都在变，从设计学的发展及文化传承的角度认知教学，注重传统性及前瞻性的并置。引入了设计思维与表现的内容，强化脑的功能，突出脑、眼、手的协调，强调"人"在原创中的作用。

本书从"事物"出发，沿着"事-人-图-物"的思路，构筑手绘设计表现的学习体系。第 1 章概论，讲述的是"设计事业"的形成。第 2 章手绘设计表现技法的发展，讲述的是表现图的出现及表现图的意义等。第 3 章设计思维与表现，讲述了思维意识与设计表现，设计能力与表达水平的培养。第 4 章透明水色表现技法，第 5 章马克笔表现技法，讲述了"表现技法"的技法学习。第 6 章快速设计表现，是对"物"即"效果图"的阐述，讲述了效果图的快速性与原创性是当下效果图之所以存在的意义，介绍了迅速呈现设计结果并依此深化设计等内容。第 7 章手绘表现与数字化，讲述了数字化时代下手绘工具的延伸以及手绘与计算机辅助相结合的探索。

本书从技法上重点介绍了"设计速写""透明水色表现技法"和"马克笔表现技法"。这是从继承与发展的角度出发，是设计学科人才培养的需要。本书注重时代对设计创新与手绘表现的关系、设计表现与设计的关系，以及技法理论与实践的关系的描写。

本书邀请了吉林省室内装饰协会会长屈彦波参与编写，意在突出设计表现的创新性与实践性内涵。屈会长长期从事环境设计工作，就本书与我进行了积极的讨论，并提供了设计过程速写、效果图、竣工图等大量图片资料，使本书更具有借鉴性；长春工业大学艺术设计学院的刁海涛老师编写了第 1 章概论的 1.3.2 基本材料的文字部分；田凯今老师参与了第 5 章编写并提供了效果图；李润欣参与了第 7 章的编写并提供了相应的效果图；吉林省点石装饰设计有限公司的屈沫设计师为本书提供了设计效果图，在此一并表示衷心的感谢。

本书中除注明作者出处的文字、图片、效果图外，均为本人书写、绘制。

李春郁

2019 年 3 月 17 日

于长春宽平花园

目录

Contents |||

第 1 章　概　　论

手绘表现基于人的本能将脑、眼、手相协调，是最为直接的表现设计专业语言形式。它将设计师的思考通过手中的笔直接描绘到纸上，呈现于人们的面前，有时虽然只是勾勾点点，看似漫不经心，其实却是设计师的辛勤耕耘、对设计内容的诠释；同时，许多表现图是规范、严谨、客观、真实的效果图的形式，是技术与艺术相结合的最佳点，在某种程度上它是鼠标、键盘所难以完成的。在计算机辅助设计软件不断发展的新时代，要不要进行手绘表现，如何进行手绘表现，是许多业内外人士所关注的问题。从创新的角度出发，设计思维的原创性与手绘表现的直接性决定了它是培养设计创新型人才的重要环节。学习手绘表现有助于培养同学们的思维，教他们从事物的本质出发，研究手绘表现的发展与变化，从而推动设计向原创性发展。

1.1　手绘表现相关的概念

1.1.1　设计

设计一词在不同的辞典有不同的解释，就其总体而言可以归纳为：意匠、草图、图样、素描、结构、样本……其基本的词义为设想与计划。"设计是指在正式做某项工作之前，根据一定的目的要求，预先制定方法、图样等。"❶ 或 "根据一定的目的要求，预先制定方案、图样等。"❷

英语中与设计的意思最相近的单词是 Design：①当名词用：设计（图样）；图案；花样；布局；配置；打算、意图、计划；②当及物动词用：设计、打图样；计划；谋划；企图；意欲；图谋。❸

设计是一种创造，一种构思，是人的思考过程，并且通过不断完善最终达到为人类的各种需求服务的目的。设计的过程也可以理解成一个从无到有的创新过程，是一个 "无中生有" 的过程。设计的核心在于创造、创新。

人的创造力源于主观的思考与对客观的认知，源于对生活的追求并通过设计不断地改进生活环境，改变自身生活用具、生产工具，这是朴素与基本的出发点。随着人类科学技术的不断进步，设计艺术的发展尤其是人的创造性、创作力在不断演进，生活工作环境空间意境也随之不断更新。设计艺术有助于提高生活水准，有助于促进社会的进步与发展。

1.1.2　设计表现

将设计师的设计意图通过图像的形式表达出来的技术方法称之为表现技法。手绘表现是通过绘画的手段，运用透视的原理，在二维空间的图纸上表现三维、四维空间的室内外环境与设计构想意图的方法。其产生的图纸称为效果图。环境设计专业以建筑为核心涵盖了建筑内外两个方面，甚至更广泛的内容，所绘制的效果图称之为环境效果图或环境设计透视图，也有称为环境设计预想图的。若将环境依专业方向划分为室内设计与室外环境景观设计，则分别称为室内设计效果图和环境景观

---

❶ 《现代汉语词典》2002 年版。
❷ 《辞海》1999 年版。
❸ 《新编英汉词典》南方出版社 1999 年版，第 205 页。

效果图。(见图 1－1－1)

图 1－1－1 大门设计方案（透明水色 水彩笔 水彩纸）

设计的过程是一个思考、规划、预先制定方案的脑力劳动过程。要想将这种思考付诸实施，是需要一个系统环节的。特别是在脑力劳动与生产各自分工明确的时代，设计成了一种专门的工作。人类经过漫长的实践总结出一整套表达设计的方法，那就是经过专门训练而得到的专业制图法。这种制图法利用美术绘画手段绘制专业效果图的手绘表现技法；利用模拟实物的手段制作三维模型的方法；以及利用摄影、计算机软件辅助设计表现技法等不同的方法来表达设计思考，为设计实施做好方案准备。

在草图、工程制图、模型、效果图、实物模型、3D 打印、电脑动画、摄影、录像等众多的环境设计表现形式中，只有手绘表现技法所产生的效果图具有融技术设计、艺术构思于一体的优点，它能让没有经过专门训练的人也能够看懂效果图；绘画迅速表现力强，决定了手绘表现技法在表现设计中占据独特的地位。

1.1.3 技法

技法从字面上可以理解为技术、方法，是设计者需要具备的表达设计的专业语言，其技术是需要通过训练来掌握的技能，方法则是对技术的使用。手绘技法围绕其成果——效果图展开学习训练，涉及因素较多，手、眼、脑的协调训练是掌握技法的关键。娴熟的技法表现能力是通过协调训练不断积累的结果，也是对工程技术的掌握。

设计技法还需要具备诸多技术因素与知识结构。从设计者的角度来说需要具备以下三个基础：①美术绘画基础，色彩搭配能力，物体形态塑造能力，空间透视选择能力等基础；②绘制与阅读专业技术图纸、了解材料特性及表面质地、了解施工工艺与构造等专业基础；③自然、历史、社会、人文、科技等方面的文化基础。环境设计表现技法是多学科、多领域的集合，不断扩充自己的知识结构、提高自身的技术内涵是关键。

1.1.4 环境

环境一词在不同的专业有不同的解释，从环境设计的角度出发，对环境的理解也是多样的：狭义的理解是以建筑为核心的生活空间设计，建筑内为室内空间环境，称之为室内设计；建筑外为室外空间环境，称之为风景园林设计。广义的环境设计，是自然环境下的人工环境设计，是在尊重自然、生态的基础上围绕人的需求所展开的设计，是跨越地域、行业领域的大范畴。它涉及城市、乡村、区域规划、建筑设计、风景园林等多个方面。

1.1.5　环境设计手绘表现

从设计内容出发，环境设计表现是室内外空间的集合表达，涉及生活、工作的方方面面：建筑、工业产品（家具、器皿、电器、织物、服装……）及人物等设计因素的表现；还有自然体系下的山、水、林、陆等客观因素的表现。从工程设计的角度出发，环境设计手绘表现则是室内外效果图的总称。

1.2　设计手绘表现的意义

1.2.1　设计手绘表现技法的意义

从环境空间设计效果图到工程实施是一个复杂的过程。设计的目的在于为人们提供生产、生活领域所需的产品与空间，改善人们的生活和工作环境，提高人们的工作、生活品质。就环境艺术设计而言，从责任感的高度来说，设计师像电影导演一样，充当着重要的"指挥"角色。设计的内容需要具备前瞻性和现实性，要想使创造出来的设计被人们接受，最理想的方法便是把这个设计绘制成效果图展示给对方。效果图能够起到直观、真实客观地反映室内外空间的作用。手绘表现在工程项目参与投标、方案确定中起着重要的作用，它的意义在于能够提前预知完成的工程形象，将各个空间环节、要素关系等通过效果图展示出来，给工程设计提供准确的判断。

1.2.2　设计手绘表现技法的作用

效果图可以帮助人们提前预知设计内容，具有较强的视觉感受力，此外还具有易读、易懂的特点。在众多的表现技法形式中，手绘效果图具有即时性强、绘制与修正灵活、绘画手段多样等特点。这也决定了手绘表现在设计诸阶段的用途。

1. 在设计方案阶段，它是推敲设计方案的方法。通过绘制草图可以激发设计灵感、促进设计者的思维展开。同时，将设计意图表达给内部人员进行判断、交流、研讨是非常必要的，是草图方案阶段推敲判断方案的内部交流语言。（见图 1-2-1 和图 1-2-2）

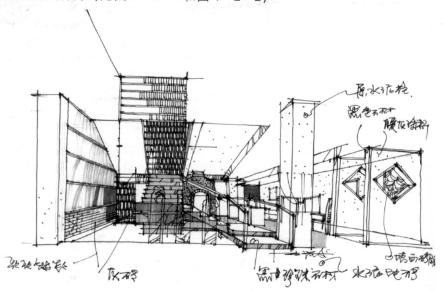

图 1-2-1　内部交流用草图（屈彦波　绘制）

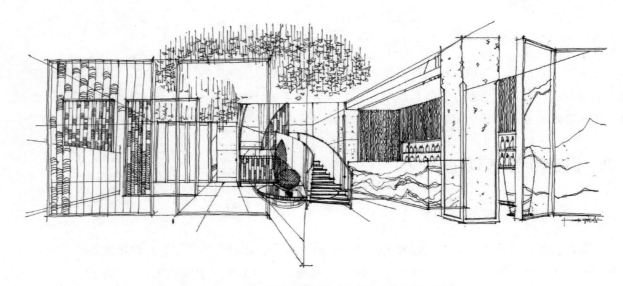

图1-2-2　推敲阶段的设计透视徒手图（屈彦波　绘制）

2. 在论证方案阶段，它是快速灵活的方法。在方案论证过程中，通过草图的形式可以及时地记录构思、修正方案，特别是在论证现场可以即刻把设计论证的内容记录于纸上，这是设计师应对设计现场所必须具备的技能。（见图1-2-3）

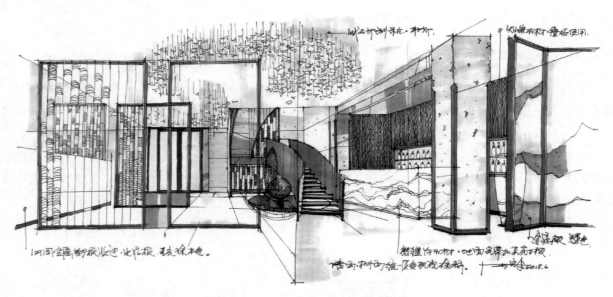

图1-2-3　论证阶段的设计透视徒手图（屈彦波　绘制）

3. 在方案决策与投标中，效果图往往是决定成败的重要因素。效果图是展现设计内容、形式等诸多因素的有效方法，展现出环境空间的未来状态、设计思想和设计理念，可以为甲方判断工程提供依据，它是否真实客观决定着设计工作的成败。在设计后期依据徒手草图所完成的计算机辅助制图的设计表现，比徒手绘制更能被人们接受，但前期的手绘是决定性的。（见图1-2-4）

4. 在施工图绘制阶段，效果图是工程图绘制的重要依据。在工程图阶段，效果图将发挥其直观性的特点为工程技术人员提供绘制工程施工图的依据，特别是在空间衔接等诸多建筑因素、室内外空间把握等方面，效果图能够立体地、客观地为工程图的绘制提供良好的佐证，也能为施工阶段提供判断。

5. 在工程竣工验收阶段，效果图是重要的判断依据。设计阶段的效果图与竣工后的室内外状态自然会存在差异，因此施工期间工程变更在所难免。然而，更多的设计效果图所表达的内容空间效果与竣

图1-2-4 设计后期的计算机软件辅助效果图（屈彦波 提供）

工后形成的效果应该是一致的，这是效果图的科学性与客观性等因素所决定的，所以可以通过效果图来判断装修的结果，这也是人们把效果图称为预想图的原因。竣工后的工程状态与效果图作比较也是对设计能力的最好的检验。

1.3 设计手绘表现的基础

"设计"与"设计表现"对于一名设计师来说，是一个问题的两个方面。一方面是创意设计思维想法、立意、主题等内容的确立；另一方面则是如何将上述内容呈现出来。在众多的表现形式中，最为直接的就是手绘表现。它具备思维意识、设计想法，而且能将其表现出来，对于设计师来说可谓是如虎添翼。在手绘表现学习阶段需要搭建好自己的知识结构，这是一个"设计人"所必须做的。

1.3.1 基础构筑

1. 绘画美术基础：从绘画学习到设计学习，期间大多经历了中学阶段的美术"训练"并参加高考的加试。这一学习过程，为报考设计艺术专业奠定了基础，但这个基础是远远不够的、大学后的基础培训也会受到课时与科目的限制，学生们往往在学完"设计素描""设计色彩"等课程后感觉意犹未尽，特别是对美术兴趣较浓的同学。坚持长期绘画，是锻炼思维表达的基础。在此需要指出的是美术基础并不等于设计基础，或者说，并不是具备了美术基础就具备了设计基础。设计专业的美术培养是为从事设计进行"专业语言"培养的前提，从对临到默写将是一个飞跃，具备默写再现的功夫是美术基础学习的目的之一。

2. 专业制图技术基础：在国家技术制图、专业制图标准前提下，一种表达专业设计的专门图形语言。在环境设计程序中，一般是预想图（效果图）在先，工程图在后的表达状态顺序，效果图的内容转化到实施阶段要经过论证、确立方案等环节，然后依据设计草图、效果图、文字记录等内容绘制环境工程施工图。以室内环境为例，建筑图（平、立、剖）限定着空间状态，环境设计效果图是依据建筑图绘制的，并为室内设计确定材料、工艺、结构、尺度、比例提供参考依据。

作为专业技术基础，工程技术与艺术设计内容是通过技术图纸表述出来的，技术图纸是行业内的专业语言，它具有专业的特指性，是需要经过专门的训练才能够学会阅读与绘制的。技术语言的核心是专业制图，一般情况下在设计艺术中表现技法是专业制图的前提。

现代设计中技术图纸的绘制有手工与CAD两种形式。手工图又分为徒手图与尺规图。

3. 透视学是空间表达的基础，透视学在环境艺术设计专业初期会被单列为一门课程，称之为"透视"，它如今缩减为专业制图课中的一章，甚至面临不开课的可能。在计算机制图阶段，获得透视图的途径就更加广泛了。在此需要指出的是，透视基础是手绘表现的重要基础，应拿出更多的时间与精力去练习。

（1）室内透视图是依据该室内的建筑图绘制的。没有建筑平面图和立面图就没有透视图。依据平面布置图、立面图等内容所得出的透视是符合建筑空间规律的透视图，科学性与还原性是它存在的必要前提。

（2）透视图优于摄影。在进行室内设计中，绘制透视图强调室内空间的完整性，其透视图绘制中利用剖开墙面的手法，将1至2个墙面剖开后再绘制视图，即实现站在室外看室内，如室内平行透视，可以将"站点"设置在室外，这样绘制出来的透视图可以使室内空间表现得更加完整，且不失真。这个过程在现实空间中照相机是无法完成的。计算机软件3D绘制效果图的过程也是依据透视图的原理在平面布置、建模、渲染等过程的基础上设置摄像机（角度、视点）。所以，就可以在计算机里看到渲染后的效果图。相当于对画好的效果图进行拍摄，其原理也是来自透视学。手绘透视图的诸多构图要素，如站点、视点、消失点等是设计表现学习的基础内容，理解透视原理是学习手绘与计算机辅助制图的基础。

4. 设计创新表达的理论基础（专业理论、专业技术、设计思维）：设计思想的形成离不开前人的帮助，已有的设计原理、设计思想、专业技术手段是学习的基础，创新离不开实践，接触工程、研究实例、积累经验与感受是设计创新的前提，也是绘制表现的基础。

1.3.2　基本材料

"工欲善其事，必先利其器"，对手绘表现图绘制的成败来说，绘图工具和材料的选择与应用起着至关重要的作用。在环境艺术设计表现图的绘制中，对绘图工具的选择与使用十分广泛，本节将系统介绍专业表现图技法所用系列工具和材料，以便绘图者在绘图时能够正确选择和使用工具。（见图1-3-1）

（a）各种毛笔　　　　　　　　　　　　　　（b）马克笔及彩色铅笔等

图1-3-1　绘图工具

1. 纸的分类

纸的选择应随设计表现技法的形式来确定。纸的品种十分丰富，绘图时必须熟悉各种纸的性能，选择适合此种表现技法的纸张制图。纸的品种主要有素描纸、水彩纸、水粉纸、绘图纸、铜版纸、描图纸、书写纸、拷贝纸、白卡纸、黑卡纸、色卡纸、熟皮纸、新闻纸等。

（1）素描纸：纸质较好，表面略粗，易画铅笔线，耐擦，吸水性差，宜作较深入的素描、粉彩、炭铅、炭条图等。

（2）水彩纸：正面纹理较粗、吸水力强，反面稍细腻、可作画，耐擦，用途广泛，宜作精致描绘渲染表现图。

（3）水粉纸：较水彩纸薄，纸面略粗，吸色稳定，不宜多擦，国产多为白色水粉纸。

（4）绘图纸：纸质较厚，结实耐擦，表面较光，吸水性适中。除用其制图外，还可以用来画效果图，适宜水粉，透明水色，铅笔淡彩、钢笔淡彩及马克笔、彩铅笔、喷笔作画等。

（5）铜版纸：白亮光滑，吸水性差，不适宜铅笔，适宜钢笔、针管笔、马克笔作画。

（6）马克笔纸：多为进口，纸质厚实、光挺。

（7）色纸：主要有彩色水彩纸、彩色水粉纸、彩色卡纸，色彩丰富，品种齐全，多为进口，价格偏高，纸色多数为中性低纯度颜色，可根据画面内容选择适合的颜色基调。

（8）卡纸、牛皮纸：多为工业用纸，熟悉其性能后也可成为进口色纸的代用品。

（9）描图纸：半透明，常作拷贝、晒图用，宜用针管笔和马克笔，遇水收缩起皱。

（10）拷贝纸：是专门用来绘制草图及透视图底稿的纸，在设计表现技法中应用广泛。通过转印方法将拷贝纸上的图形转印到正式图纸上，可以减少对画面的擦改次数，保证画面质量。

（11）宣纸：有生、熟宣纸之分，生宣纸吸水性强，宜作国画中的写意作品；熟宣纸耐水，可反复加色渲染，常用于国画中的工笔画，宜软笔，忌硬笔，如需用硬笔画线时应托裱，否则纸面易破。

2. 笔的分类

笔作为书写、绘画的工具备受人们的青睐，绘画用笔决定着绘画的种类。在效果图的绘制中，几乎所有的笔都可以作为绘图工具，作为绘画的主要工具的笔可以分为软笔与硬笔两大类。所谓软笔即我们经常使用的、最具传统的毛笔，其中以动物毛制成的毛笔为主，如羊毛水彩笔、狼毫等，也有人造毛制成的毛笔，如尼龙笔。硬笔指的是非毛笔类的笔，如铅笔、钢笔、尼龙头笔、马克笔等。

（1）铅笔：依铅笔的软硬程度分为 H 和 B 两大系列，H 系列为硬铅笔（H～6H），B 系列为软铅笔（B～6B），HB 为中性铅笔，表现图常用 2H～HB 起稿，亦深亦浅，便于擦改，炭笔可归为此类，其色黑深沉，宜作素描表现。而且建议尽量采用绘图用的专业自动铅笔以减少木材的消耗。

（2）钢笔：钢笔、速写钢笔、针管笔（描图钢笔）、蘸水钢笔均属此类，其特点是墨水可以随时注入笔中，笔趣变化均在笔尖上，宜书宜画，方便快捷，是设计师速写、勾勒草图和快速表现的常用工具。

（3）水彩笔、油画笔和水粉笔：这类笔形状近似，其笔毛的软硬及吸附程度系依画种、绘画材料而决定的。水彩笔以羊毛为主，柔软，蓄水量大；中国画笔"大白云"也常用作水彩画技法、透明水色等；油画笔的毛多用猪鬃、狼毫制成，富有弹性，蓄水量较少；水粉笔的性能在两者之间，羊毛、狼毫掺半，柔中带刚。

（4）排刷、板刷和底纹笔：常用于打底和大面积上色，也是裱纸的工具。

（5）描线用笔（勾线笔）：衣纹笔、叶筋笔、红毛笔等中国画笔，常用于勾线条和细部上色。

（6）喷笔：需配合空气压缩机或压缩空气罐使用，口径从 0.2mm 到 0.8mm。价格较高，常备两支即可，用后即时清洗，以防堵塞。

（7）彩色铅笔：有水溶性与非水溶性之分，用笔方法同于一般铅笔，颜色较为透明，国产非水溶性彩色铅笔的蜡质含量较多。水溶性彩色铅笔，涂色后用毛笔蘸水抹即有水彩味，可独立作画用，也可用来进行效果图的后期细节刻画或局部修改。

（8）马克笔：以进口为主，色彩系列化、标准化，品种多达百余种，分油性和水性两类：油性易挥发，用后要将笔头套紧，且不宜久存，用甲苯涂改；水性适中，宜作设计表现效果图。可选择专业马克笔纸，也可选用表面较为光滑的复印纸等。

（9）彩棒：色粉笔为粉状，与色精末类似，为粉末式绘画专用棒状笔，较一般粉笔细腻，颜色种类较多，大都偏浅、偏灰，多与粗质纸结合，宜薄施粉色，厚涂易落，画完须用固定剂喷罩画面以便保存，适用于快速表现，以及为完成的效果图提高光、作过度等，较少单独用于单一画种。

（10）签字笔：分为水性、油性和中性三种，以及传统的圆珠笔等，多为一次性笔。

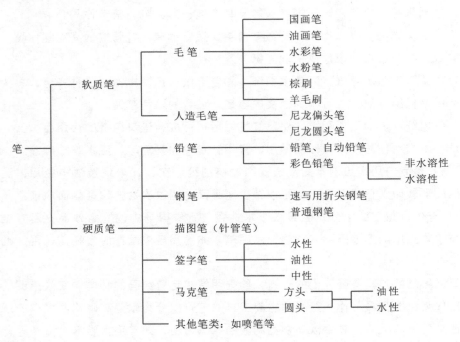

3. 尺的分类

在效果图的绘制中，除了纸和笔之外，还得用专业制图工具，这是由设计的性质所决定的。

（1）在设计表现图的绘制中，几乎所有的尺都会用到，如直尺、模板、比例尺、界尺（靠尺）、丁字尺、一字尺、三角板、曲线板、曲线尺等。

（2）界尺：绘制手绘表现效果图的专用尺，分为"阶梯形""凹字形"和"凸字形"三种，是毛笔绘制直线的必备工具。传统界尺就是直尺，但需要用一种专用的竹片与其配合。（见图1-3-2）

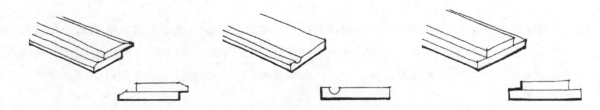

图1-3-2 三种形式的界尺（笔者所用为第三款）

4. 颜料

颜料主要有水彩颜料、水粉颜料、透明水色等。

（1）水彩颜料：一般为铅锌管装，现在也有塑料管装，便于携带，色彩艳丽，具有透明性，以水调和，其色度与纯度和水的加入量有关，水愈多，色愈淡。

（2）水粉颜料：使用普遍，除管装外，还有瓶装，与水彩颜料相比颗粒较粗，颜色大都含粉质，具有覆盖力，薄画时则显半透明，颜色画在画面上湿时较深、干后则较浅，通过实践即可掌握。

（3）透明水色：透明水色分为两种，一是纸状本装，二是瓶装，分12色、36色等盒装和散装。此色的颗粒极细，色分子异常活跃，对纸面清洁要求极高，起稿时不宜用橡皮，否则易出现痕迹，大多采用拷贝转印法进行拓稿，进行大面积渲染时可将画板倾斜。

5. 其他工具与材料

调色盒、调色碟、剪刀、刻纸刀、壁纸刀、胶带纸、胶水（浆糊）、电吹风、橡皮擦、鸭嘴笔、小型空气压缩机、喷笔、毛刷、排笔、笔洗、毛巾等。

1.3.3 学习方法

任何事情都有其规律性，学习手绘表现技法也是如此。掌握其规律，运用正确的学习方法才能收到事半功倍的效果。

1. 长期训练与短期学习相结合

设计表现技法的学习与音乐、书法、绘画等艺术门类的学习一样，应该坚持长期训练与短期教学学习相结合。所谓长期训练就是在短期专业技法课程教学的基础上，依照一定的计划与训练步骤进行长期的、持之以恒的训练，如每天坚持速写，就如同学习音乐每天都吊嗓子一样，经过半年、一年、二年……甚至更长时间循序渐进的训练，定能打下过硬的手头功夫。坚持通过速写的形式进行学习，主要是因其具有时间灵活、场地灵活等特点，适合在课后、自习以及假期进行。所谓短期专业技法教学是与长期训练相比较而言的，是指依照专业教学计划，在一个学期或两个学期内用一定课时进行系统的专业手绘学习，通过课程的展开接受系统的学习、训练。比起长期训练，课堂学习是短暂的但也是必不可少的学习环节。

2. 临摹与创作相结合

在表现技法学习初期通过临摹优秀作品来感受效果图，向他人学习，体会设计表现技法的绘制过程，领悟设计表现的内涵是十分必要的。其一是将让你感到振奋或喜爱的作品复制下来，感受设计的乐趣，体会其精髓，这是学习技法的开始。其二是对照实物照片或室内照片进行临摹。将照片上的物体空间变化、色彩规律、光的运用、质感表现、空间的意境等通过临摹的形式加以体验，比起单纯地观看照片记忆要扎实，并且领悟更深刻，通过临摹能够积累设计经验，提高设计表现的能力，是一件一举两得的事。其三是在临摹的同时，尝试进行相应的设计、创新练习，如以形似或色彩相似的形式进行二次创作式的临摹，形似的创作练习即利用临摹下来的成功的室内空间造型透视图，进行不同的色彩练习；色彩模拟即临摹成功的色彩关系于不同的空间效果图上，也会收到举一反三的效果。临摹的目的是为今后的学习和创新打下基础。通过二度创作、提炼、加工的训练形式，在学习表现技法的同时，也进入了环境艺术设计、室内外环境景观的学习之中。（见图 1-3-3）

图 1-3-3 通过照片临摹环境空间的工作状态

3. 长期作业与快速作业相结合

所谓长期作业即绘画篇幅较大、绘画透视图内容较为丰富、场面较大且绘画技法能够层层深入的作业，如 A2 规格以上画幅，水粉技法或水彩技法等，不但能够使手绘设计表现得细致入微，且能够体会到设计的乐趣与绘画技法的感觉，对于把握方案、深化设计有一定的益处。（见图 1-3-4）

快速作业往往是绘画画幅较小，如 A3 或 A3 以下规格，表现的内容可以是比较单一、层次不太复杂的，且绘画技法比较直接，如墨线与马克笔、彩色铅笔的结合，就是目前公认的速写表现的形式之一。通过短期作业、快速训练，达到心到、眼到、手到，心里想的与手上绘的（徒手）相一致，这就是设计师的优势与基本功。（见图 1 - 3 - 5）

在计算机被广泛应用的今天，学习与掌握手绘设计表现技法为今后从事设计工作打下良好的基础，是件需要有耐性、需要付出一定的时间与精力的事情。通过坚持不懈的努力与探索不断掌握其规律，定能够收到事半功倍的学习效果。

图 1 - 3 - 4　水粉综合技法（彩色水粉纸　水粉　喷绘）
规格　700×500（mm）

图 1 - 3 - 5　大门效果图（水粉纸　马克笔　徒手）
规格　273×185（mm）

第2章 手绘设计表现技法的发展

2.1 设计表现的产生

2.1.1 设计技法的产生

设计的产生与设计技法的形成是人类生产实践的结果，表现技法是从手工业的发展到机械工业的形成而同步产生的。在社会发展进程中，艺术与设计之间、设计与生产实践之间、设计与设计表现之间始终存在着不可分割的关联。人类对于艺术的最早理解："艺术"（Art）一词从词源上看，来自于拉丁语中的"Ars"，指木工、锻铣工、外科手术之类的技艺或专门形式的技能。

"公元一世纪时的罗马修辞学家昆提连曾把艺术分为三大类，第一类是'理论的艺术'，如天文学；第二类是'行动的艺术'，如舞蹈；第三类是'产品的艺术'，即通过某种技能制作成品的艺术。我们可以看出设计与生产及其他理论是同出一处的。古代艺术家的思想是艺术与技术不可分的思想。"

选择中国传统绘画表现和西方设计绘画典型历史时期的设计表现，来领略设计与设计表现在人类发展史中的演进与变革及其在设计、生产、营造等领域的产生与发展。技法的产生来自于对生产、生活实践的需求。

2.1.2 界画

设计艺术的实质是造物的过程，也是从想象到实施的过程。用绘画的形式表达建筑、环境空间记录生活场景等，在中国画艺术中就有被称之为"界画"的表现形式。界画最早可追溯到晋代，是用绘画记录景观与建筑等的一种画线设色的技法，明代陶宗仪《辍耕录》中记载"画家十三科"中有"界画楼台"一科，指以宫室、楼台、屋宇等建筑物为题材，用界笔直尺画线的绘画，也叫"宫室"或"屋木"。

界画，是中国画的一种绘画形式，作画时使用界尺引线，是一种用界笔直尺画线的绘画方法，所以被称为界画。有资料表明，传统界尺就是直尺，使用时在握笔的同时让一个支撑的竹片在尺上滑动（见图2-1-1）。将一片长度约为一支笔的三分之二的竹片，一头削成半圆磨光，另一头按笔杆粗细刻一个凹槽，作画时把界尺放在所需部位，将竹片凹槽抵住笔杆，手握画笔与竹片，使竹片紧贴尺沿，按界尺方向运笔，就能画出均匀笔直的线条。界画适于画建筑物，其他景物则要用工笔技法配合，通称为"工笔界画"。

在设计表达上用毛笔绘制延续至今，只是工具形式发生了变化，现代界尺是在尺身上开一凹槽，或用两片有机片粘合成阶梯状（也叫阶梯尺），可以说是对传统文化的继承。

清代建筑画"界画"几乎是那个时代的"彩色照片"，是一种带有创意性的中国国画画法，为我们领略那个时代的设计、匠人、画家所感受到的环境空间，提供了直接的视觉形象。被法国国家图书馆收藏的《圆明园四十景图》创作于乾隆元年（1736年），由宫廷画师沈源、唐岱遵照乾隆意旨依据圆明园实景绘制而成，沈源画亭台楼榭，唐岱画山水树石。二人在绘画上各有分工，做到了珠联璧合。（见图2-1-2）

2.1.3 文艺复兴时期的设计表现

文艺复兴时期，"艺术"一词的古老含义，既等同于"技艺"的思想，又被重新恢复。当时的艺术

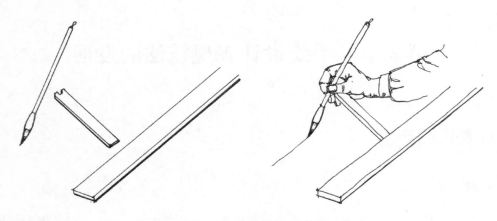

图 2-1-1　界画工具与握笔

图 2-1-2　圆明园界画（清）（现藏于法国国家图书馆）

家就像古代的艺术家一样把自己看作工匠，在那个时期艺术家与工匠是同义词。被誉为"文艺复兴三杰"之一的达·芬奇并没有为自己的天才的绘画才能感到激动，而是为自己所设计的飞行器和绘制的机械图表而兴奋。图 2-1-3 为达·芬奇自画像，图 2-1-4 至图 2-1-9 为达·芬奇的设计图，透过这一组设计手稿可以领略到巨匠的设计思考与表达。另一位文艺复兴大师米开朗琪罗不仅是绘画、雕塑大师，他也热衷于建筑设计。在建筑、雕塑工作中，他与其他工匠没什么区别。艺术家既是工匠又是设计师、画家，从事着建筑、绘画、工艺制作等一系列的艺术设计工作，他们以能够竭尽所能地进行创造而自豪。❶ 图 1-2-10 为米开朗琪罗的大卫雕塑，图 2-1-11 至图 2-1-13 为米开朗琪罗所绘制的建筑空间手稿。

　　最早的产品应该是原始的工具，如石斧、石刀、弓和箭。从某种意义上讲原始猎人是最早的"设计师"。人类造物的活动就是设计的初级形式，当然，在原始猎人那里还谈不上设计与构思，只能是一种需要，而且不可能具有独立的设计活动。依照实物制作，沿袭已有的造型，在传承的基础上"创新"的可能很小，是在以满足功能为主要目的，进行重复的劳作。手工艺时代的产品设计与构思是不断传承的，在传承的过程中会有新的想法融入产品之中，从而不断完善着产品。

---

❶《艺术设计概论》李砚祖湖北美术出版社 2002 年 3 月

  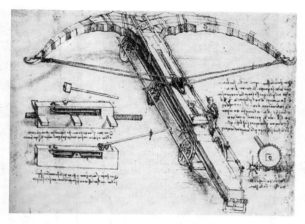

图 2-1-3 达·芬奇自画像　图 2-1-4 大炮铸造厂（达·芬奇绘）　　图 2-1-5 巨弩设计素描（达·芬奇绘）

 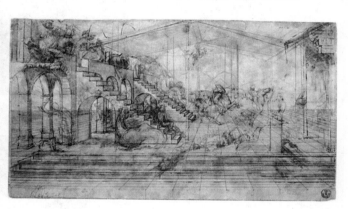

图 2-1-6 绞肉机战车（达·芬奇绘）　　　　图 2-1-7 三博士来朝透视图（达·芬奇绘）

 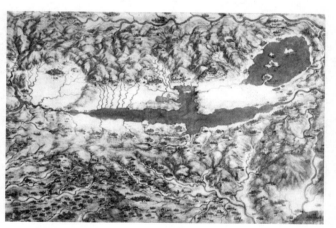

图 2-1-8 伊莫拉规划（达·芬奇绘）　　　　图 2-1-9 地形鸟瞰图（达·芬奇绘）

　　机器时代的到来，使设计和生产之间的关系发生了重要变化。产品数量与质量的矛盾，促使人们开始思考机械化生产，人们开始关注机械产品的质量与功能。设计在这个时期完成了它的初步形成阶段，随着设计的产生，人们对设计表现的需要也在不断增长。那是表现技法应运而生的时代，是设计充实到各个领域的时代……

　　20 世纪初期，艺术设计作为一种职业出现。它涉及人类生活的整个领域，工具、武器、房屋、交通工具、日用品……与之对应的是各种设计表现形式的产生，诸如专业制图、模型制作、设计表现技法等的产生。

图 2－1－10　大卫雕塑（米开朗琪罗）

图 2－1－11　尤里乌斯二世陵墓思维设计（第二稿）（米开朗琪罗）

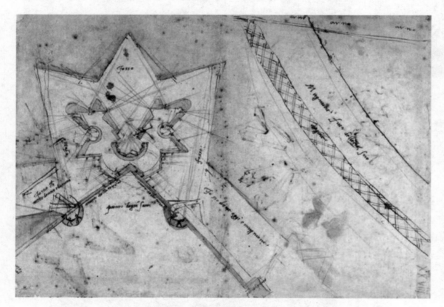

图 2－1－12　佛罗伦萨德尔普拉托的防御工事草图（米开朗琪罗）

图 2－1－13　罗马奥勒良城墙门
设计草图　（米开朗琪罗）

2.2　设计表现的发展

　　新中国设计表现技法是伴随着建筑设计、工业设计、工艺美术等的发展而发展的，20 世纪 50 年代到 60 年代为发展初期阶段，其主要标志是北京十大建筑的落成，建筑、工艺美术、家具、室内设计等学科与专业的设立。

　　20 世纪 70 年代末至 90 年代，随着国家大规模的建设与发展，设计表现技法也得到了进一步的发展与提高。特别是 80 年代，一大批从事室内设计的设计师活跃在室内外环境空间设计的舞台上，创作了大量的作品。

在 21 世纪的今天，手绘表现技法依然以其独有的生命力受到业内人士的广泛重视。虽然计算机辅助绘制效果图已经极为普及，但手绘技法是设计师独有的设计表现工具，具有无法替代的作用。随着时代的脚步它也在发展与进步，在被应用于各个领域的同时，它自身也在不断发展，总体来说设计手绘表现有以下两个方面的变化：

2.2.1　绘画材料的变化

绘画材料经历了从"厚"到"薄"的变化，其实质是水彩与水粉技法的绘画材料的变化，表现技法经历了由水彩到水粉、由水粉到透明水色、喷笔、马克笔等画种、工具主流地位的变化。绘画材料的变化决定了画面由"厚"到"薄"上的变化过程。水粉由于具有较强的覆盖力，且颜色颗粒较粗并呈现"粉"的状态，所以画面的厚度较厚；透明水色与马克笔颜料呈现"透明液体"状态，透明度极高，没有覆盖力，其画面自然就薄。

2.2.2　绘画速度的变化

绘画速度经历了从"慢"到"快"的变化。水彩渲染画法以刻画细腻、绘画层次丰富而受到专业学校及设计单位的重视，但其所需绘画时间过长、绘画速度过慢。水粉画法比较灵活，也出现了"水粉薄画法"。不过，虽然薄了下来，但渲染的过程也要消耗大量的时间，这样长时期的作业能够提升绘画的表现能力。但是艺术设计不同于美术创作，它往往带有时限性，一个工程、一项设计经常需要在很短的时间里产生出高质量、多数量、多方案的效果图。中央工艺美术学院（清华大学美术学院前身）的老一代教师，在 20 世纪 70 年代，创造性地将照相色应用于效果图绘画上，发明了一种新的设计表现形式，为适应这种对绘画速度的要求快、对数量要求多的表现要求，提供更多设计表现上的可能，也成为马克笔之前在设计领域的一个重要的设计表现画种。为今天马克笔画法提供了良好的过渡技法。现在，也可以充分利用照相色以及透明水色进行效果图绘制。表 2 - 1 为设计表现技法发展简表，从中可以看出时代的变迁与表现技法的发展是同步的。

表 2 - 1　　　　　　　　　　　　设计表现技法发展简表

年　代	技　法	特　征
1950—1960	水彩技法	传统渲染技法为主，绘画周期较长
1960—1970	水彩技法与水粉技法并存	水彩技法向宣传色与水粉技法过渡
1970—1980	水粉技法与照相色技法	水粉由单一的宣传、广告应用步入到设计表现领域；照相色被应用于设计表现
1980—1990	1. 水粉与透明水色技法 2. 喷绘技法（水粉与透明水色）	1. 水粉画法更加丰富，由厚画法发展到多种画法并存；透明水色与照相色并存并逐步替代照相色。 2. 将机械设备应用于设计表现，极大地丰富了设计表现形式与表现内容
1990—2000	1. 马克笔技法 2. 马克笔与彩色铅笔技法 3. 计算机辅助设计技法	1. 马克笔技法与水粉、透明水色及喷绘等多种技法并存，由国外引进马克笔在国内应用。 2. 马克笔与彩色铅笔并用。 3. 快速手绘技法萌生期，快速手绘技法伴随计算机辅助设计应运而生，成为设计师的专业语言之一。 4. 计算机辅助设计技法在设计领域被广泛应用
2000—2010	徒手绘制与计算机结合技法结合	快速表现发展阶段：①徒手绘制效果图；手绘图与计算机相结合；②计算机辅助设计，CAD，3D，PX 等独立成图得到普及；③快题设计式设计表现图
2010—2020	1. 设计速写，徒手草图快速表达 2. 计算机辅助设计	徒手原创式设计表现，快速表现的成熟期：①手绘基本成为设计师特别是原创设计师的表达形式；②计算机辅助设计软件多样化，设计表达多样性，动画技术应用于设计表现

2.2.3 环境艺术设计表现技法的特点

环境艺术设计表现技法的特点是由环境艺术设计的内涵所决定的，既要强调表现设计内容的客观与真实性，又要注重设计表现的科学性与艺术性，它们构成了手绘表现技法的主要特点。

1. 效果图的客观与真实性

通过环境艺术设计表现技法将设计内容传达给对方，这种绘画讲求的就是客观真实。不能随意扩大所要表现的环境空间，也不能随意缩小环境空间，其客观性、真实性表现在所绘制的效果图（预想图）就是未来工程完成后的空间形式，这也是"设计"所要达到的状态；它不同于纯艺术绘画创作，绘画可以是画家个人思想感情的展露，比较个性化，可以将画家的感受放在首要的位置上进行绘画创作，而设计表现技法所绘制的效果图则是真实的未来场景的预先展示。

客观与真实是效果图必须具备的条件，也是效果图的生命力所在，离开客观现实，脱离设计表现的场景范围，所画的效果图就失去了生命力。同时，客观性还包括所描绘场所的客观性，不论是室内、室外环境都有特定的场景特点，不能随意进行更改变换。要尊重其客观存在。真实性还要求绘制效果图时应遵循环境空间的尺度、比例关系进行透视图绘制，进行光线与色彩的绘制，进行家具、电器、绿化、人物等诸多内容的空间组合。使效果图真正反映出将来完工后的真实效果。

2. 注重科学性与艺术性的完美结合

科学性与艺术性的完美结合是现代设计的灵魂所在，单一地强调科学性而忽视了艺术性或只强调艺术性而忽视科学性都是不可取的做法。一张完美的效果图应该是建立在科学基础上的效果图，它的科学性从表面上看应该体现在对所表现环境空间的准确再现，应该体现出对透视学、色彩学、环境学等学科客观规律的掌握与应用。真实地表达设计意图，准确地把握设计空间。环境艺术设计效果图是建立在与环境艺术设计相关的材料学、工艺学等施工环节基础上的。同时，艺术性是建立在客观现实与遵循客观规律的前提上的美的创造，在营造环境艺术空间时，要追寻美的感受，依循视觉发展的规律。运用美学原理、艺术表现规律来指导设计与表现，进行环境空间的设计是要经过长期的训练与不断探索的，而这种美的寻求是通过设计表现技法展现出来的。艺术性的把握直接关系到效果图的成败。而这取决于设计者的艺术素养，取决于设计者平时的不断积累和对设计表现技法的掌握。不同的设计内容要采用不同的透视角度，以及相应的设计绘画技法。运用灵活、机动的设计表现形式，在效果图中能够完美地体现出客观科学性与艺术性相结合的特点。

3. 强调技法的多样性与综合性

在艺术领域绘画中强调"画种"，注重绘画技法的单纯性。如国画技法是绘制国画的过程中形成的技法；水粉画技法，仅为绘制水粉画所用……通常情况下美术技法是不会混用的。而设计表现图则不以画种的单纯为目的，而是以表现设计预想效果为核心，往往是一两个画种的技法综合在一起，或者更多画种技法相结合。以水粉技法为例，在设计表现技法中，水粉技法已不是单一的水粉画技法而是借鉴了水彩、透明水色等技法特点，派生出了水粉薄画法、水粉湿画法、水粉高光法……这是设计表现技法的特点及需要所决定的。不但如此，使用一个画种的技法时，还可以加入其他画种技法，可以是几种绘画材料的混合搭配，如用水彩打底，用水粉绘画，而后期运用彩色铅笔进行细节刻画等，这体现了设计表现技法"不择手段"以达到设计表现最佳状态为目的的绘画特点。技法的多样性与综合性是设计表现技法区别于纯绘画的又一特点，也是在设计实践中总结出来的表达设计思想的理想绘画形式。

绘画技法的发展与变化是实践的结果，也是设计表现经验的总结。以设计表现为目的，依所表现内容的顺序绘制而成的"程序画法"等，是环境艺术设计专业表现设计所必须掌握的看家本领。

2.2.4 手绘表现技法的意义与作用

1. 意义

从设计到实施是一个复杂的过程：设计的目的在于为人们提供生产、生活领域的新的产品与空间、在于改善人们的生活、在于提高生活品质。就环境艺术设计而言，从责任感的高度来理解：设计师像电影导演一样，充当着重要的"角色"指挥者。设计在改变着生活，设计在创造着生活。要想使创造出来的设计被人们接受，最理想的方法便是把这个设计绘制成效果图展示给对方。效果图能够起到直观、真实客观地反映室内外空间的作用。手绘表现在参与投标、方案确定中起着重要的作用，它的意义在于提前预知将要完成的工程形象，将各个空间环节、要素关系等通过效果图展示出来，给工程设计提供准确的判断。

2. 作用

在众多的表现技法形式中，手绘效果图具有绘制灵活、绘画手段多样的特点，这就极大地提高了手绘效果图在设计诸阶段的作用。

(1) 在草图方案阶段是推敲设计方案的好方法，通过草图可以激发设计灵感、促进思维的展开，特别是在将设计意图表达给内部人员，供其判断、交流、研讨上起着不可替代的作用。

(2) 在论证方案阶段，由于手绘效果图具有快速灵活的特点，因此在方案论证过程中，可以及时进行绘制与记录构思、修正方案，特别是在论证现场就可以把设计论证的内容表达于纸上，这也是设计师应对设计现场必须具备的技能。

(3) 在进行确定方案决策上，特别是在投标过程中，效果图往往对工程设计的成败起着决定性作用。通过效果图的绘制内容、形式等诸多因素，可以展现设计思想、设计理念等，为甲方判断工程效果提供依据。

(4) 是设计工程图的重要依据。在工程图阶段，效果图将发挥其直观的特点为工程技术人员提供绘制工程施工图的根据，特别是在空间衔接等诸多建筑因素、室内外空间把握等方面，效果图能够立体、客观地为工程图的绘制提供良好的佐证。

(5) 为工程验收提供参考。设计时的效果图与竣工后的室内外状态自然会存在差异，因此施工期间工程变更在所难免。然而，设计师所完成的效果图与竣工后形成的效果基本是一致的，这是由效果图的科学性与客观性等因素所决定的。所以可以通过效果图来判断装修的结果，这也是人们把效果图称为预想图的原因。竣工后的工程状态与效果图的比较也是对设计师的最好的检验。

2.3 手绘设计表现的种类

手绘设计表现技法是伴随设计的形成而产生的，是从纯绘画中脱胎而来的，从其诞生之日起便与绘画、书法、摄影等产生了联系。不论是绘画材料、技法还是绘画表现形式都始终与其他艺术形式相随相伴。

作为环境艺术设计专业的看家本领之一，手绘表现技法随着社会经济发展不断对专业提出新的挑战、新的需求也在不断地发展与变化。总体来说从传统的手绘技法到今天适应飞速发展的经济建设而派生出来的快速技法，设计表现技法从绘画材料到表现形式、表现内容走过了一条由慢到快的发展之路；历经了从单一的设计表现技法到综合设计表现技法的变化过程。今天，许多技法形式随着时间的推移、社会的需求、设计的发展都发生了变化。接下来，将从使用工具、颜色等基本因素对手绘表现技法的现状以及技法的分类进行介绍。

2.3.1　以使用的笔的性质进行分类

　　1. 软笔类技法：因为软笔的性质，这种技法形式可以理解为笔、色分离的形式，即毛笔中无色，绘画时需动手调和色彩于笔上，且颜色种类与笔的类型相配为宜，如水彩笔适合水彩画，水粉笔适合水粉画，主要是依据笔与色之间的适合程度而定。对色彩与色彩的调控把握在于笔尖，更在于画者的心和手的协调，这不是简单的绘画问题，而是需经过一定的训练才能实现的技法。在打下了相应的美术基础的前提下，学习表现技法，有助于对设计表现技法进行深入学习，有助于缩短学习技法的时间，也有助于把握表现设计的程度；总体来说，软质笔类技法的运用必须通过画笔与颜色的结合，这是要经过一定的专业技法训练才能逐步掌握的。软笔类技法主要有水彩表现技法、水粉表现技法、透明水色表现技法等。（见图 2-3-1 和图 2-3-2）

图 2-3-1　家居空间（透明水色　毛笔　水彩纸）

图 2-3-2　展览空间（水粉　毛笔　水粉纸）

　　2. 硬质笔类技法：即色在笔中，即画即有，不必再另外调色。如铅笔可以直接画出素描的关系。钢笔也能画出黑白关系，彩色铅笔也有自己固定的颜色，常以 24 色或 36 色为一套，马克笔、粉彩棒等均是如此。其特点是一支笔一个色，往往需要准备齐全的颜色，调色的过程与色彩的变化完全掌握在绘画者的手上，在画纸上调控色调、深浅、浓淡、物体的质感、光感……通过运笔的不同，而产生不同的色调、笔触、层次。深浅变化是由绘画遍数以及手感来决定的。硬笔类画法不同于软笔类画法，不需要调好了色再到纸上画。就马克笔等硬笔来说既需要对绘画技法的掌握，也需要对画于纸上的颜色做出判断，进行色彩规划、掌握色彩叠加的效果，这是需经过一定时间的训练才能掌握的。（见图2-3-3至图2-3-5)

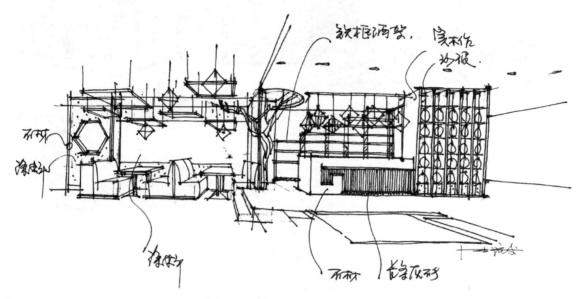

图2-3-3　钢笔设计图（屈彦波绘制）

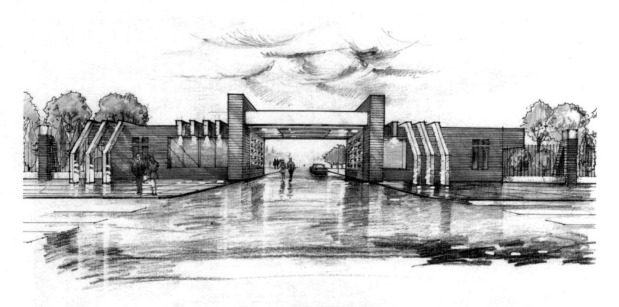

图2-3-4　彩色铅笔设计图

2.3.2　以颜色的覆盖程度进行分类

颜色的性质决定了绘画的形式，颜色因本身的颗粒大小的不同，其覆盖力有所不同。水粉、水彩、透明水色为毛笔类画设计表现图所常用的颜料，但各自都有自己的特性。水粉与水彩虽然都是用水调和但透明度是不同的，水粉具有很强的覆盖力，水彩则表现得比较透明，而透明水色基本上没有覆盖力。水彩、透明水色可以实现色彩在纸上的叠加，但叠加的次数不宜过多，否则将使画面变浊。

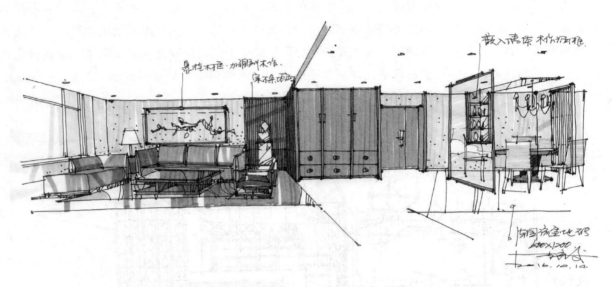

图 2-3-5 马克笔设计图（屈彦波 绘制）

（1）水彩设计表现技法。水彩是作为表现技法的绘画颜料使用时间较早，而且使用范围也比较广的颜料之一，由于水彩与水彩技法的绘画程序比较复杂，所以尽管其表现力强，却往往时间消耗比较多，对于专业教学来说已经不适用了。今天的水彩颜料绘制效果图大都是以快速技法进行渲染的形式出现的。其效果图的专业称谓是：钢笔淡彩技法或铅笔淡彩技法。

（2）水粉设计表现技法。水粉技法是在宣传色的基础上逐渐走进课堂成为专业绘画颜料的，其历史自 20 世纪 70、80 年代才开始，它步入课堂后，即以塑造力强且覆盖性强、易修改、便于初学者掌握等优势受到设计专业师生的喜爱并且逐渐代替水彩表现技法，成为专业设计表现形式之一。（见图 2-3-6 和图 2-3-7）

图 2-3-6 商业展示空间（水粉 毛笔 彩色水粉纸）

图 2-3-7 餐饮空间（水粉 喷笔＋毛笔 彩色水粉纸）

（3）照相色设计表现技法。照相色有本装固体和瓶装色两种，本装是 70 年代教学的首选，即为黑白照片着色的颜料，在全色照片为主的年代是照相馆必备材料。照相色以颜色透明、技法简便、注重绘画层次且便于携带、价格便宜等优点受到广大师生以及设计师的欢迎。逐步成为设计表现的方法之一。它自其诞生之日至今一直保持着独特的生命力。

（4）透明水色设计表现技法。透明水色、幻灯片色是继照相色之后国产的一种颜料，其特点是颜色透明，比较鲜艳、单一，瓶装。需要掌握好它的着色规律。基本方法与照相色差不多。其中幻灯片用色色彩虽然较少，但颜料的性质比较稳定。

（5）彩色铅笔设计表现技法。彩色铅笔往往充当着绘制效果图的后期修改用笔的角色，其原因不仅仅是由于它色彩单一，还与其绘画时着色面积与调色形式有关，单纯使用彩色铅笔会使设计者在绘图上投入很多时间。它用来做后期细节调整，可以与任何画种结合，这是彩色铅笔的优势所在。同时，单一地使用彩色铅笔绘制设计草图或方案图也能收到独特的效果。

（6）马克笔设计表现技法。马克笔以色彩标准、笔触鲜明、绘画表现丰富的特点在设计领域独树一帜，成为今天设计表现的首选绘画材料，特别是应用于快速绘制设计表现图时，更是备受设计师们的青睐：它在某种程度上简化了绘画过程，提高了绘画速度。

2.4 手绘技法状态

手绘表现技法的状态，可以从设计的目的出发进行梳理。就技法而言，设计表现的目的是将设计师计划、想象、意向中的形象表达出来，是一个无中生有的过程。所以技法所表达的应当是从"没有"到"有"的图面呈现。物体或空间的表达离不开造型、色彩、质感及透视、构图等内容的运用。

2.4.1 表现技法的基本要素

就设计表现技法本身而言，形态、色彩、质感构成了效果图的三要素，这三大要素在表现技法中缺

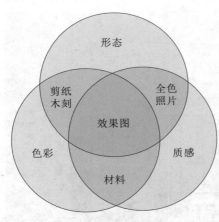

图 2 - 4 - 1　效果图三要素关系图

一不可，互相补充，共同支撑着效果图。所以在绘制效果图时，应该认真研究，仔细分析它们之间的关系，如图 2 - 4 - 1 所示。从图中可以看出三者的相互依赖性，单一看待任何一方面而忽视其他两方面的存在，都会产生片面性、局限性；通过全面理解三大要素，构建一个坚实的设计表现理念、是绘制效果图的基础。

1. 形态

环境设计专业涉及的形态是多维的，之所以说形态是因为室内外空间所及物体无所不有，可以大致分为自然形态和人工形态。形态的问题就单一物体来讲，可以解释为造型问题，大多属工业设计的范畴，家用电器、家具、器皿等都有各自的造型形态与设计要领。物体均有其外部的轮廓线和构成物体的内部结构、凹凸变化、层次排列等具体的空间关系。而在环境艺术设计上则应该从环境构成因素以及物与物相互协调、和谐共存的角度来理解，其目标是创造出科学、客观的室内外环境。所谓的和谐是指环境空间诸要素、建筑物形态上的造型诸因素，以及在室内设计中融入的诸多因素之间的和谐共生。其中，后者是对前者的补充、发展与延伸，共同构成了室内、外空间形态设计。

形态问题在环境设计领域中其实也是造物在空间组合与构成因素方面的问题。如室内空间既有家具，又有电器、花卉、织物、陈设品……它们就共同构成了一个空间，而涉及问题有很多，我们可以把物体造型组合理解为室内空间造型构成形态。而在室外环境设计表现中，空间造型构成形态，则是指建筑与建筑，建筑与环境，建筑与构筑物，建筑与绿化、人之间的关系是一个错综复杂的问题，涉及面广且思绪较多，需要在绘画之前进行梳理；是一个需要设计者进行综合判断，认真协调方能得到很好解决的问题。

形态落实到表现技法上，就是选择造型、选择风格的问题。在平面图布置阶段就要作出判断，并且充分利用草图进行分析。

2. 色彩

色彩在表现技法中的作用极大，设计师所要表现的空间环境是哪一种色调，以及环境中物体的材料、色泽、质感等都需要通过色彩的确立来完成。一方面，色彩本身是一个很感性的问题，色彩会影响人的情绪和精神，同时人的性格、心境又会影响人对色彩的感觉。良好的色彩感觉与技巧并不是单纯从理论上就可以学到的，更重要的是通过自身不断的实践去掌握和总结。另一方面，以色立体、色标为标志的理性研究使现代色彩学步入数字时代，呈现出标准化、系列化、符号化的趋势，顺应了工业生产现代化的需求，在环境设计手绘表现中的马克笔就是现代色彩研究的结果。掌握色彩的理论知识和加强专业色彩的训练是解决专业表现技法中色彩问题的重要环节。

色彩是由于物体对光的吸收和反射而形成的，不同的光线照射会产生不同的效果，它具有自身的规律。从色彩学的角度出发，色彩的属性包括：色相、明度、纯度等，在美术基础课及色彩构成课上均会涉及有讲述，这里不再重复。学习设计表现的关键是在此基础上的色彩空间组合、色彩搭配。

（1）色彩与环境设计表现。色相的选择与色彩的空间组合，对于设计师来说是一个常说常新的问题，就环境空间而言，分为室内外两个层面：首先是自然环境下的色彩，色彩在自然环境中的表现是伴随着阳光的变化而变化的，色相不同其视觉感受也就不同，同一色相，会因为光与环境的影响而有所不同。自然环境下太阳光线是运动的，在一天中它的色温也是不断变化的，在不同的时间点上求得同样的色温下的意境是不可能的。在绘制室外风景园林景观效果图时，需要确立其环境季节及时空节点。依据自然植物光线来决定季节，并表达空间。多数室外景观效果图会设定夏季作为描绘的意境。其次是建筑环境的室内空间，其色彩气氛的把握需要依据建筑的性质、使用面积、空间举架、设计风格等综合因素来进行探索。效果图中的色彩设定就起到了提前预知的作用，这需要不断地探讨与实践，尝试不同的色相带给环境空间造型的不同意境。一般来说，色彩能够起到：①烘托空间的情调和气氛；②吸引或转移视线；③调节空间的大小；④连接相邻的空间等作用。总之，色彩的问题具有多元性与复杂性，一定要具体问题具体分析。

（2）专业色彩的基础训练。首先，通过色彩静物与环境写生来认识色彩，对色彩的观察与理解需要由感性认识上升到理性认识，这是色彩学习与研究的第一步。对色彩的观察与理解，离不开静物与写生，色彩写生是最直接的训练方法，不能将效果图的绘制与色彩写生割裂开来，而应该通过写生充分地理解"物"与环境的关系，进一步理解物体的色彩变化。物体的固有色在空间环境中会受到诸多因素的影响而发生变化，在环境空间中物体的固有色的变化是需要依环境因素而进行分析的，在五彩斑斓的自然界中各种色彩在不同光线的照射下会产生不同的效果，物体的受光面与背光面有着不同的色彩倾向，物与物之间在光环境的相互作用下也会产生不同的环境色，因而加强户外色彩写生训练，观察室内外环境的色彩变化，并且通过电视、计算机、手机视窗等信息源不断摄取与积累色彩知识，使自己头脑中色彩的构成与搭配以及色彩感受更加丰富，使对色彩的感性经验与认知更加丰富，从而建立起对自然色、环境色、固有色等的认知并在设计创作中加以运用。

其次，掌握颜料的特点，目前，绘制效果图经常使用的颜料主要是水粉、水彩、透明水色以及丙烯等。各种颜料由于性质不同，在使用方法上也有所不同，绘制出的效果图也会产生不同的色彩意境，因而在学习效果图之前应当熟悉颜料的特点，弄清楚各种颜料善于表现哪些内容，不善于表现哪些内容，做到心中有数得心应手。运用上述颜料绘制效果图是需要调色的，而对色相的掌握通常带有主观性，是画者主动判断的结果。例：12色的透明水色，能调制出不同的色相来，需要不断的实践才能做到运用自如，而马克笔的诞生则使调色的过程工厂化，取而代之的是"套装色"，"专用笔"的固定色相 60～200 支/套。调色变成了在画纸上的色相"叠加"与单色"重复"，虽然能找到色相的状态，但调配出来的色彩的主观性变小了，色彩的"通用性"增大，甚至是不得不用。这与计算机上能找到的色相系统是截然不同的。（见图 2 - 4 - 2）

图 2 - 4 - 2　水彩与透明水色

再次，理解与掌握设色，对物体固有色的掌握可以通过专业绘画练习来提高，练习时不是每一次都需要画完整的透视图，平时见到各种常用的材质可以随时练习搭配，反复地练习，最后做到各种颜色在手中可以随意驾驭，能够调出任何自己所需要的色彩来。

随着人们对色彩认识与应用的不断深入，在设计领域以及美术范围内对色彩的研究也在不断深入。创造出了诸如色标、色卡、色立体等形式，来满足研究、设计、生产等方面对色彩的不同需求。在计算机视窗上吸管"取色"是可以控制色相的，可以使色彩的应用更加规范、科学，也为色彩的标准化、数字化提供了依据。

3. 质感

质感：物体本身所固有的纹理、色相、加工精度等一系列外部特征。按物体的不同材质和人对物体的感受，可以将物体分为以下几种：

（1）透明且反光的物质（材质），如：玻璃、水晶、冰等。

（2）透明但不反光的物质（材质），如：织物（粗）。

（3）不透明但反光的物质（材料），如：金属、电镀、镜子等。（见图2-4-3）

（4）既不透明也不反光的物质（材料），如：石头、砖头、木材等。（见图2-4-3至图2-4-8）

这些为材料的质感练习。

图2-4-3 透明水色质感练习（金属 木质 砖 石）

图2-4-4 不同材质的练习

图 2 - 4 - 5　质感综合练习

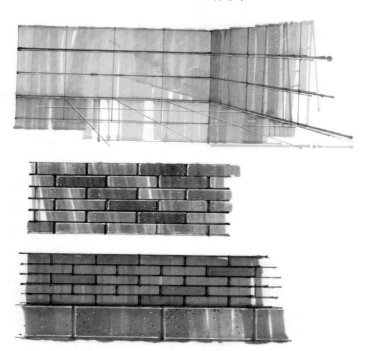

图 2 - 4 - 6　马克笔质感练习

图 2 - 4 - 7　室外树木材质练习

图 2 - 4 - 8　室外质感练习（植物、草坪）

质感的选择是室内空间陈设物品选择的重要因素。物品的材质可以对视觉产生刺激并使人产生不同的心理反应。同样的造型，不同质感将会产生不同的心理反应，世间万物都有其自身的质感，人们依照材料的实用性质、使用的状态等诸多因素来判断材料的质感选择是否恰当，同时生活经验的积累也会使物体的质感在人们意识中留下深刻的印象。如金属、木材、玻璃、水晶、石头、砖、织物、纸张、瓷器、皮革等。不同用途的陈设物品选用不同的质感。不同的材料因其使用状态不同，往往有着不同的质感，以木材为例，天然木材制成的工艺品、家具不胜枚举，但木材表面装饰加工的手段不同，其质感表现上就会产生较为明显的差别，如木质不经过油漆，可以产生木材自身纹理的自然美，经过油漆成亚光、半亚光，则会给人以光泽柔和的亲切感。依照陈设物的造型、材料的质地，可以通过设计选择形成系列：如以花瓶为主的瓷器系列，以书为主的书房系列……总之选择陈设物品，一定要注意质感的差别，不能千篇一律，而是要注意整体视觉效果，学会用质感来作"文章"。

2.4.2 效果图中的"插图"

环境艺术设计所涉及的范围，恰是人们生活、学习、工作的场所，每一张效果图所表达的内容均有其特定的场景。所谓"插图"就是这一特定场景中具体的室内人物、陈设、静物、电器、家具、灯具、花卉等；室外空间的人物、树林、绿化、灯具、汽车……"插图"的内容涉及生活、工作的方方面面，往往需要根据具体的设计主题来选择"插图"的内容。"插图"在效果图中起着举足轻重的作用，一张完整的效果图应该是充满灵性、生动、真实的效果图。如果缺少这些"插图"，就会显得生硬、空洞。"插图"是设计表现技法的基本要素之一，在平时要注意积累和收集"插图"。并学会用"设计"的眼光判断"插图"的内容，恰当、巧妙地加以运用。插图的内容正是平时练习速写的缩影与积累的内容。总体而言，应从以下几个方面把握"插图"的表现与选择。

（1）把握"插图"与画面的协调：恰当地运用人物、花卉、电器，能够使原本平淡的画面生辉，起到画龙点睛的作用。一定要注意插图与画面的协调，强调在协调中变化，在协调中充实，在协调中生动，切不可将写生内容原封不动地搬入效果图中，而要在艺术加工、提炼之后再植入画面，从尺度、比例、造型到阴影都应与画面相协调。

（2）深入主题，提升设计：任何设计都有它的主题，都有它要表现的核心内容。"插图"内容应该起到深化主题的作用。不论是人物造型，还是植物、陈设物品，都应该与设计的内容相符、切实起到深化主题的作用。如绘制一个现代化时尚的室内空间，就要注意人物的造型和色彩、植物的形态……与室内空间相协调，有时适当地加以夸张变形更能体现出时尚的概念，使画面熠熠生辉。

（3）"插图"内容的选择与设计：构成环境空间的物体除了自然形态外，所呈现的都是经过人们的设计产生的人工形态，例如建筑、家具、灯具等。大千世界中林林总总的造型，都有各自的风格特点。在绘制效果图时需要把握插图的特点。要么有选择地进行使用，要么做出配套的设计。如绘制运动场景就应该强调人物的运动状态，选用身穿运动服装有活动感的人物来提升与充实画面。而五星级酒店则应选择与之相对应的家具、灯具、人物等，特别是人物应该是"西服革履"才能体现出酒店的档次。

（4）平时积累与运用资料：不少人在绘制"插图"时往往会觉得无从下手，这主要是因为平时的积累不足或不善于总结经验。建议在坚持每天画速写的同时注意积累素材，并对素材加以归类整理。如家具，除现代化的风格外，还有传统的风格，在传统风格中又可划分为中式传统家具、日式家具、西洋家具等。灯具、建筑也是如此。要做一个能准确运用资料的设计师就应该在平时下功夫进行归纳、总结。只有为画效果图做好准备，才能做到有的放矢、百战百胜。

图2-4-9至图2-2-16为环境艺术设计表现技法中经常会用到的"插图"内容举例。建议通过速写进行练习，以便在绘制效果图时使用，要学会举一反三。

图 2 - 4 - 9　静物资料速写

图 2 - 4 - 10　静物速写着色

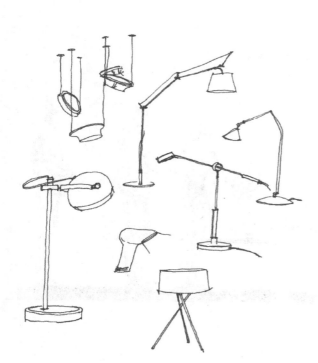

图 2 - 4 - 11　灯具造型速写

图 2 - 4 - 12　灯具造型马克笔着色

图 2 - 4 - 13　人物透视

图 2 - 4 - 14　人物插图举例（线稿）

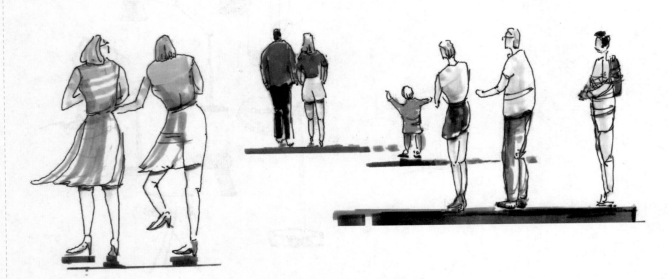

图 2 - 4 - 15　人物插图举例（马克笔着色）

图 2 - 4 - 16　人物绘制

第3章 设计思维与表现

专业设计工作需要对环境有敏锐的洞察力，对事物有准确的观察力，对建筑、造型、工艺、材料等有高度的理解力。思维形式的培养，关系到设计意识的状态。良好的工作习惯是平时养成的，设计思维与表现是设计工作的根基。在步入设计领域进行学习时，需要不断摸索思维习惯与工作模式，设计可以理解为是原创者内心酝酿形成的构思并表达成为图形的过程，"思维"与"表现"是彼此相连的。

3.1 设计思维过程

3.1.1 脑的功能

颅腔里的脑主管感觉和运动，是高等动物神经系统的主要部分。人脑是思想记忆等心理活动的器官。人脑功能包括记忆、判断、思考、分析……是手眼作用的指挥器官。思维过程是脑运转，回忆、判断、排列组合等的过程中的核心机构，"控制论与符号学方面的观点则认为，思维是一种符号活动。这种活动归根结底是外部对象活动以压缩形式内化的结果，从哲学认识论的角度，我们可以把思维概括为一种大脑对信息的加工活动。"[1]（见图3-1-1）

图3-1-1 脑眼手的协调设计师的基本功

人脑约有130亿个脑细胞，"最多不到10%是充分发展并经常加以运用的，其余都处在没有发展的原始状态。脑细胞的联络，绝大多数是在人出生后受环境刺激逐步形成的，有什么样的刺激就有什么样的联系。脑细胞联络越多，也就是人越聪明。"大脑分成左右两半，中间是连接左右大脑半球的横行神经束，胼胝体。有研究表明人脑两半是相互联系、各司其职的。

脑的增强，即设计思维意识的培养，需要各方面的积累与提高，其前提是掌握基本理论、基本知识、技能，并且不断积累、思考，其方式是多样的，形式也是灵活的。需要每个人用心去体验，所谓兴趣是最好的老师，在学习阶段，兴趣与精力的投入是关键。

3.1.2 思维理论基础

思维是人脑对客观现实的本质属性、内部规律性的自觉的、间接的和概括的反应。思维属于心理学的范畴，我国著名科学家钱学森认为思维包括三个部分，即逻辑思维、形象思维与创造思维，其中"创

---

❶ 张伶伶，李存东《建筑创作思维过程与表达》（第二版）中国建筑工业出版社第2页

造思维才是智慧的源泉；而逻辑思维和形象思维都只是手段"。[1] 1981 年美国的史白瑞成功地揭示了人脑思维的部分秘密，他证明了人脑左右半球具有不同的功能，即脑功能具有不对称性。因此，两个半球分管人的不同行为，简而言之，人的左脑分管科学创造，右脑分管艺术创作。[2] 将这一理论与钱学森的理论相对照，就会发现逻辑思维在左脑进行，而形象思维则在由右脑进行。

微观与宏观相结合，逻辑思维与形象思维联动的形式是由环境设计专业的内涵所决定的。实践表明，环境设计是一个大脑综合工作的过程，需要多学科的知识素养；单一的注重美术，忽视技术，是不可取的，单一的强调技术，而无视艺术也是不可取的。设计学是理科与文科的交融，是多领域、多学科的交叉与集合。从创造心理学的角度来说，设计艺术是逻辑思维与形象思维的集合，进行艺术设计的过程则必然是设计者左右脑同时进行思考、分析、理解、判断，使思维升华产生出新的形象、概念与方案的过程。"设计的教育体系应更多地追求对设计创新的系统方法和思想的应用，从宏观、整体和系统的角度去认识设计和

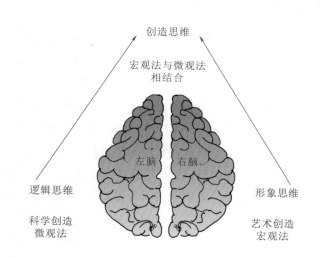

图 3 - 1 - 2　人脑思维中左脑与右脑的思维关系

进行创造和多种思维训练。每一种训练手段都能充分调动想象力，每一种思维方法都能够创造独特的思路。"[3]（见图 3 - 1 - 2）

3.1.3　环境设计思维过程

如果说，造物是对事物的凝练与升华，环境设计就是这种凝练与升华的再创造，是对环境设计元素新的排列与组合，是环境设计师在头脑中反复思考与推敲，使未来环境空间形成形象，并将其呈现在纸上、屏幕上的过程。设计师的工作就是提前制定好方案，提前走入未来的环境空间，这是构思、推敲、排列、组合的过程，是创造新的空间的需要。打好设计的基础，首要的是对事物、环境要素、室内外等的深刻理解以及对从建筑物外部形象到内部空间结构层次感性的与理性的认知。要想设计出未来空间，就要有对现实空间环境、事物等的理解。因此要不断地提高自己的认知，培养自己的设计思维。

3.2　设计表现过程

3.2.1　设计思维培养与训练

人对事物的认知是不断学习探索研究的过程，是从感觉上升到知觉的过程，在不同的认知阶段对事物的认知程度是不同的。环境空间与人们生活、学习、工作等密不可分，我们每天都身处其中。一般人都能用语言或简单的图示进行一般的描述对所处的环境空间状态，但这种描述会带有个人认知与主观理

---

❶ 夏燕靖《对我国高等院校艺术设计本科专业人才培养目标的探讨》，南京，江苏美术出版社《设计教育研究》2004 年 第 25 页
❷ 赵光武主编《思维科学研究》第 12 页，北京，中国人民大学出版社 1999 年
❸ 周昌忠编译《创造心理学》第 26 页，北京，中国青年出版社，1983 年

解，其准确度会有一定的偏差。经过专业学习与培养后，其着眼点就会发生变化，所谓的用专业眼光看空间，就是对空间描述的改变，如尺度感、色彩搭配、造型组合等。但是，要想具体描绘出房间的结构，就需要专门的学习，思考这样才能记得牢，描述得清晰准确。若想绘制出效果图，把空间依照一定的理解进行再现，则需要进入到思维的表现阶段。

3.2.2 设计过程的表现

手绘是人的思考意图的表达，是人的意志的体现，手绘具有直接、主观、即时表达思维的特性，是主观对客观环境、造型等的反映，一般情况下怎么想的就怎么表现出来，但其前提是有一定的手绘表现设计基础。

做到怎么想的就怎么画出来可不是件轻而易举的事，只有经过专业学习、训练，才能够做到看到、想到、画到，通常称为"手眼脑的联动表达设计意图"。

在设计活动中设计者需要做到手眼脑的结合。对于设计者而言，手、眼、脑三方是需要相互联动缺一不可。学习顺序是眼、脑、手，工作思考顺序则是脑、眼、手。眼脑手所说的是人的学习规律，先从看、观察开始，眼睛看到的内容通过视觉神经传输给大脑，大脑则是一个记忆与思考的加工厂。眼高手低，说的是会看，看的多境界自然就高了，手低则是手的表达力不足，其实质是思维没有达到境界，手的训练没有跟上。看、想、画的结合是设计者应该具备的基本能力。手的训练是在学习阶段要过的一关。就像学习写字，手的功夫自然是要提前练习好的，有了手的功夫，才能够做到三者的结合。绘制效果图需要训练，练习手其实也在提升脑、眼，想到了看到了才能画得出来。

手绘学习训练的目的是做到手眼脑的有机结合，脑就是一个综合加工厂，思维是脑的职能。眼是信息采集的工具之一。手则是输出的功能，绘图的技巧程度取决于训练的积累。（见图3-2-1）

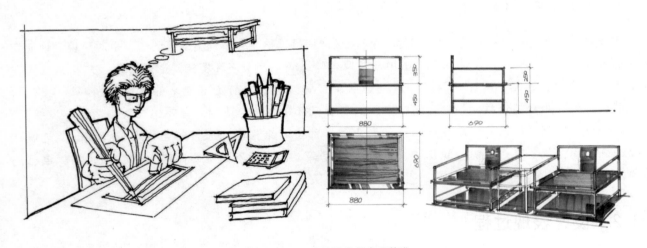

图 3-2-1 设计思考与表现并进

3.3 设计思维与设计速写

3.3.1 思维与设计

原创思维过程与原创思维表达的相互关系对于环境设计来说非常重要，原创思维来自于人脑，是手眼脑联动的结果，是通过手记录来自脑的想象，同时手绘可以促进思考。思考与绘制草图的过程一般带有原创性、原始性、不确定性、模糊性等。思考的过程是一个推敲的过程，需要的是反复论证探讨，修修改改反复绘制在所难免，而这个过程中所形成的草图可以辅助设计思考，设计师可以在绘制草图的"不经意中"找到灵感，从而激发设计活力，推进设计思维。

悉尼歌剧院设计于 20 世纪 50 年代，那是以手工绘制图为主要设计表达形式的时代，人的思维不依赖于计算机，更不是接到任务后才大量阅读资料，而是平时的积累及对设计任务的综合思考。其创作灵感来自于对自然环境、人工环境的观察与理解。以悉尼歌剧院的设计为例，丹麦设计师伍重凭借自己对自然、城市、建筑功能等因素的理解，完成了历史性的设计，"悉尼歌剧院以它那奇特美丽的造型轰动了整个建筑界，被认为是不可多得的现代建筑杰作。"伍重作为一名设计师，"他的设计理念既非风帆，也不是贝壳，而是切开的橘子瓣，但是他对前两个比喻也非常满意。"在二维的纸上创作出三维的空间，凭借的是设计师对建筑设计的独特认知，以及对环境与建筑未来的准确判断。原创设计来自于人脑，是将设计师的思维跃然于纸上，然后呈现给观者。

原创性的思维与手绘相结合，将思考的内容直接绘制出来是设计师必须具备的技能。想象力是空间表达的前提，可以帮助设计者通过手中的笔把设计表达出来。设计速写则是设计师脑眼手联动的最好工具。

3.3.2 设计速写

所谓速写，就是用写的方法绘制所看到的景物等的一种绘画方法。其核心是眼、脑、手的协调与联动，绘者将看到的（想到的）内容通过手中的笔呈现在纸上。设计速写是在绘画速写的基础上演化而成的一种设计表达技法。与速写不同的是，设计速写所绘制的内容是"看不到"景、物与空间的，它是一种将思维形成的理念呈现于纸上的表达最为直接的形式。设计速写所具有的设计性、工程性是其他设计表达所不能替代的，是表现技法中与人联系最为直接与紧密的快速技法。

速写是美术绘画类的一种绘画方法，同时，也是设计专业同学学习设计的工具。

要想画好速写还需要在速写外下一番功夫，需要拿出时间来练习，所谓熟能生巧，只有在一段时间内集中练习，坚持经常画，才能取得理想的学习效果。从对临、写生到绘制创作环境空间，是一个"飞跃"。设计速写需要长期训练，才能够达到想到、看到、画到。这是从学习环境设计技法开始一生都会用的基础技法，只有持之以恒方能做到心想事成。图 3-3-1 为一组椅子的着色速写，反映了椅子的形态、色彩以及结构特点，是环境设计专业手绘基础训练的内容。

3.3.3 设计速写的作用

（1）资料采集，辅助设计。伴随科学技术的迅速发展，人们生活需求的不断更新，环境空间设计也一直在快速前进着。计算机、手机等功能的不断更新，使图像资料越来越丰富，作为设计工作的辅助前期准备，从收集资料到采集资料，也是时代发展的必然，看的多并不是画的多，也不是"记"得多。只有亲手勾画照片、图形资料，才能加深对平面、立面及空间形象的认知。借助笔进行记录，将所见与所想结合，将需要的内容记录于纸上是设计工作的第一步，在这个过程中重要的是通过资料采集来训练自己的设计思维，这样日积月累不仅可以采集到大量的不同类型的资料还可以增强自己的设计思维。在采集资料时也可以标注资料的出处（网页）名称、时间等信息，为以后查看原图提供方便。需要指出的是图像资料的细节包括材料、结构、工艺等的设计处理在设计速写中要加以体现，这样可以使资料采集有取舍、有重点，方便对资料加以提炼和概括，进而培养自己的分析判断能力。

（2）记录构思，灵感捕捉。不过其中一个完整的设计过程需要有完整的形象的记录，这个记录有许多完成方式，不过只有设计速写是较为直接与迅速将构思呈现在纸上的方式。当一个形象产生时需要及时记录下来（捕捉住），这样有利于进行更深一层的构思、推敲，以完善这个形象。

图 3-3-1 着色式设计速写

　　利用设计速写记录构思，捕捉住思考过程中不断闪现稍纵即逝的形象，最为直接、最为便捷的方式就是速写。当草图方案呈现在纸上时，不断的修改、勾画、涂抹并补充索引是常见的过程，这样的过程可以将设计方案的思路引向更深层。因此它是草图阶段非常好用的方法。

　　当下在设计环节经常出现分工合作，设计师通过设计速写将设计意图传递给计算机绘制效果图与工程图制作者。

　　（3）形态思考，判断推敲。经常出现设计要在思考、分析和优选的过程中产生大量的设计方案。这些思考的过程和结果必须有手、脑、眼的高度配合，才能实现。环境设计在解决具体问题时，必须结合工程特性来思考适合的形态，这种形态有时是某一局部的结构，有时是某些形态的构成和组合。但无论涉及局部形象还是整体的形象，都可以通过集中、扩展、再集中和再扩展的思考过程，来不断完善设计。设计速写与设计思考是联动的过程，不断地将思考过程中产生的想法表达出来，可以促进思维进一步的深化。

　　（4）表达意图，方案交流（一方面是实施前的内部交流，另一方面是现场绘制）。环境设计的目的是实现新的环境空间形式，将创新意图表达出来，并与别人进行交流。造型设计是形态的创造，创造的结果要通过现代生产方式制成人们需要的产品。现代的生产却又不允许像手工业时代那样，创造者同时又是生产者、使用者。现代的设计者必须在创作过程中与生产者、使用者及时沟通信息，这个信息的传递就可以通过设计速写来实现。方案意图交流是设计环节必不可少的内部交流环节；即使在施工现场也可以通过设计速写的形式与施工人员进行交流，以补充与完善设计图。

3.3.4 设计速写的分类

速写的种类以画法形式分类：有单线式设计速写，线面结合式设计速写，素描式设计速写，着色式设计速写等；以绘画工具进行分类：铅笔设计速写，钢笔设计速写和彩色铅笔设计速写，马克笔设计速写等。

设计速写应该是由简到繁，由单件家具到家具组合，由室内一角到整个室内空间，由建筑到环境。从哪里下笔取决于画面内容。构图、画面大小要做到心中有数。

设计速写强调其用途与表达程度对线的运用会有所不同，不可一味求快而忽略细节层次，简单与繁琐是需要在绘制过程中逐渐感悟与体会的。工业设计，产品速写需要表达到螺钉记得细节，建筑环境空间则要表达到门窗状态而景观空间则会树木造型，建筑轮廓结构层次的表达。（避免使用过于简笔画的形式，是设计语言的要求，打基础时更应从物体细节出发。）

（1）单线式设计速写：是设计速写的结构与灵魂，也是初学阶段需要掌握的基础技能。通过单线表达物体，运用线与线的连接、组合绘制造型与环境空间，以轮廓到结构细节都用单线来表达，需要指出的是，没有细节就没有造型。在这种绘图方式中线是构筑物体造型的元素，通过单线的组合将描绘的物体呈现于纸上。[见图3-3-2（a）]

（a）单线式设计速写　　（b）线面结合式设计速写　　（c）素描式设计速写　　（d）着色式设计速写

图3-3-2　设计速写

（2）线面结合式设计速写：在单线速写的基础上，给结构转折的背光面和物体的投影加入"面"使设计速写更加直观立体。其面是相对于线而言的，可以运用速写钢笔的宽面或一些宽的笔头在需要描绘的位置上进行面的绘制，其方法是在需要进行描绘的地方写宽线或进行宽线的排笔形成面。速写的要领是写，"面"也是写出来的，不要反复涂鸦式地描绘，以免失去写的韵味。[见图3-3-2（b）]

（3）素描式设计速写：在单线设计速写中植入素描的因素，可以使设计速写更加生动与直观，物体的质感特性表达更加清晰。这里的素描有别于绘画中的素描，可以是线的叠加也可以是在未干的墨水上随手一抹，形成渐变的效果（绘制过程手段多样）。这体现了设计速写中"写"的主旨，但其效果将会带有"素描"的韵味。[见图3-3-2（c）]

（4）着色式设计速写：即在单线设计速写的基础上，进行色相及空间变化的深度加工。利用水彩、透明水色、马克笔、彩铅等颜料画笔描绘其速写物体、空间的主要色相，使设计速写更加形象直观、造型立体、色相清晰。这是设计速写迈向效果的前奏，也是设计速写深入加工的极致高度。[见图3-3-2（d）]

3.3.5 设计速写的工具与材料

设计速写需要准备的材料较为简单，只要有一支笔、一张纸就可以进行绘制，是一种较为经济便捷的绘画方法。

几乎所有的笔都可以用来绘制设计速写，如铅笔、钢笔、针管笔、签字笔、毛笔、马克笔、彩色铅笔等都是绘制设计速写的工具（见图 3 – 3 – 3），左图为弯尖钢笔式速写笔，传统钢笔经过加工制成的弯尖钢笔，被称之为"速写钢笔"，它具有一支笔能画两种宽度线的特点，它能够画出细线与宽线。

图 3 – 3 – 3　左图为弯尖式速写钢笔
右图为不同种类的墨线笔

纸张则不受限制，可以根据画速写的工具进行相应的选择，练习阶段可以用复印纸、新闻纸等，作为设计表达可以选用速写本。

3.3.6　设计速写绘制

通过字面理解可以得知设计速写的重点在于写，"写"的主旨就在于运笔的过程。对笔意的理解是关键，它有别于书法中笔意对笔锋的要求，速写是通过线的组合搭接呈现出空间意境或产品形态的。写出来的线是物体（产品）或环境的图形元素，对"线"的要求是依所绘制环境的内容而定的，不要一味强调"笔锋"，而忽视了环境与物体自身的造型特点及结构层次等设计特征。线的搭建构筑了空间与环境，同时"线"也是设计速写的基本笔画。

1. 排线练习

（1）直线，分为水平线、垂直线、倾斜线，其中斜线又分为左高右低斜线和右高左低斜线。在 A4 纸上作直线练习，在心里对纸张进行控制，做到上下左右对齐，如左右留 20mm、上留 25mm、下留 30mm 等 。悬腕水平绘制，不要刻意追求起笔与收笔，使线呈现"刚直"与"挺拔"性。

（2）圆与弧线，圆可分为同心圆与椭圆两种，圆的练习更要用心来领会，控制其半径，使其尽量接近圆规绘制出的感觉。在此需要指出的是，椭圆在设计表现中使用的频率远远高于正圆，透视图中的圆多呈现为"椭圆"（实际上有近大远小变化）的状态，例如天棚的灯具、餐桌上的餐具等，徒手绘制是经常的事。在绘制椭圆时一定要注意其所在平面的透视关系。在 A4 纸上进行练习，首先是同样大小的椭圆绘制，训练在心里进行量的控制，尽量使其大小一致。其次，是由远及近的椭圆，可以画一条直线作透视变化的绘制。由最小的画到最大的，并保持视觉上的一致性，间距加大，则椭圆加大。弧线：需要在圆的基础上，进行的练习。强调连续性与平行性的体现。空间连接与透视图中造型需要，可以通过点与点间的连接来实现（见图 3 – 3 – 4）。对于圆来说，视平线下的圆与视平线上的圆原理一致，越是接近视平线，椭圆的"短轴"越短；离视平线越远，"短轴"越长。

2. 静物、器皿、电器等的实物速写与图片资料绘制

画设计速写从实际物体学起，由简单到复杂，从静物到照片，再到实际空间。首先，绘制曾经画过的"素描"静物，将自己熟悉的层次与结构用单线表达出来，画线条时，其要领是"写"不要描，即使是画过了、画错了再补充一笔也不要描。其次，由静物、器皿的练习扩展到图片静物、器皿、单件家具、家具组合的单线练习，将看到的造型通过"写"的形式描绘下来，记录形象的结构层次造型特点。逐渐对临室内外空间照片，通过对临的形式领会环境空间。下图为一组器皿的对临速写，以及利用马克笔进行着色后形成的着色式设计速写。（见图 3 – 3 – 5 至图 3 – 3 – 9）

3. 环境空间速写

写生速写，在临摹器皿、产品和空间的基础上，走入自然及环境空间进行环境写生，是对眼、脑、手协调性的综合训练，是培养设计思维的有效手段。置身于环境中是环境设计师工作的必然要求，现场绘制速写可以培养洞察能力、判断能力，身临其境并通过观察构思可以在头脑中形成形象，表达到纸上的，是由构图、取舍、重点等内容构成的对环境空间的主观性的空间意境表达，这是照相机拍照所无法替代的。

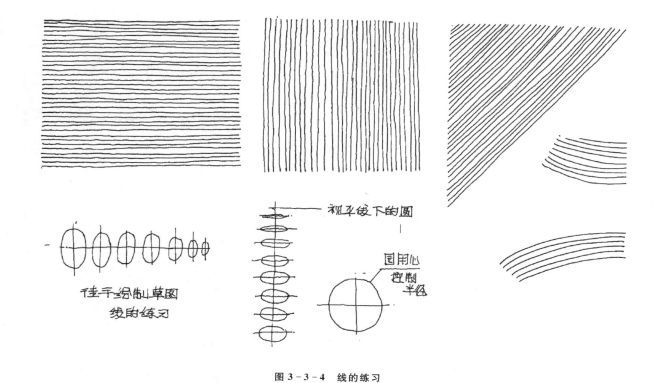

图 3 - 3 - 4　线的练习

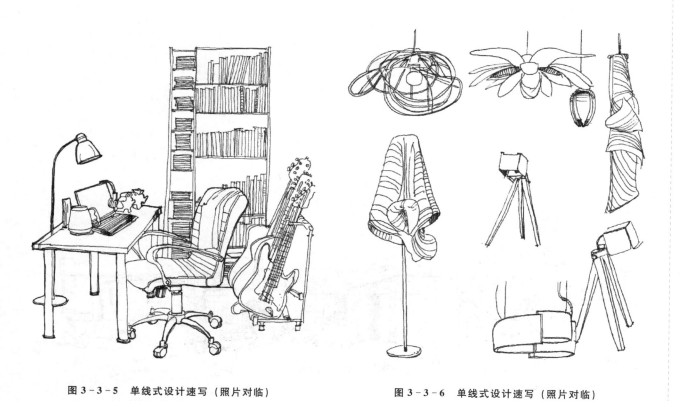

图 3 - 3 - 5　单线式设计速写（照片对临）　　　图 3 - 3 - 6　单线式设计速写（照片对临）

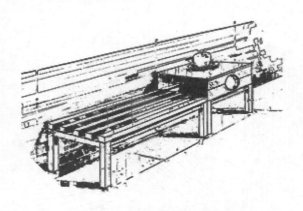

图 3 - 3 - 7 线面结合式设计速写

图 3 - 3 - 8 线式设计速写

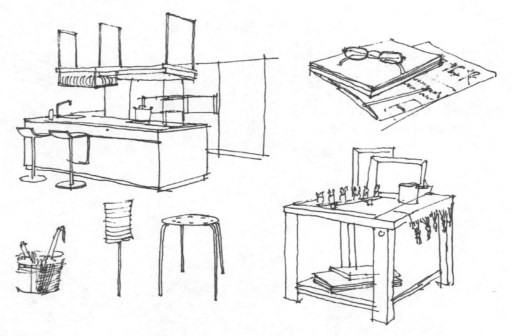

图 3 - 3 - 9 设计速写（默写 针管笔）

通过字面意思可以得知设计速写的重点在于写，"写"的主旨在于运笔的过程，对笔的理解是关键，它不同于书法意境，是环境意境的体现。图 3 - 3 - 10 至图 3 - 3 - 18 为写生速写与意境速写。

图 3 - 3 - 10 渔村建筑写生速写（针管笔与速写笔）

图 3 - 3 - 11　渔村沙滩上的船（钢笔速写　牛皮纸）

图 3 - 3 - 12　江南写生速写（针管笔）

图 3 - 3 - 13　景观创意速写

图 3 - 3 - 14　景观设计速写

图 3 - 3 - 15　建筑意境设计速写

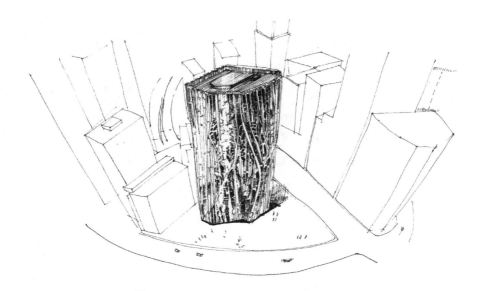

图 3-3-16 建筑资料对临（针管笔速写）

图 3-3-17 建筑资料对临（针管笔速写）

图 3-3-18 建筑造型设计意境素描式设计速写（铅笔速写）

4. 环境设计工作速写绘制

（1）工程图设计速写：在原创设计工作中工作速写是设计开始时所要进行的工作（约束性、工程性设计速写），平面图、立体图、结构详图等都是以设计速写的形式呈现的。（见图 3 - 3 - 19）

（2）设计速写与设计的链接训练：在绘制平面图的基础上绘制空间方案，将想象空间呈现在纸上，这是从平面空间到立体空间的训练。（见图 3 - 3 - 20 和图 3 - 3 - 21）

设计速写的训练将是一个长期的过程，将其安排在技法的前面，目的是通过教学，让同学们及早地动手画起来！同时将设计透视图与徒手图结合起来，这是计算机时代的要求。

图 3 - 3 - 19　室内空间草图方案（针管笔）

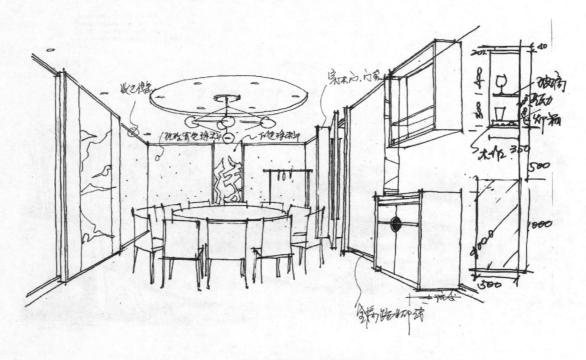

图 3 - 3 - 20　室内空间设计速写（屈彦波　绘制）

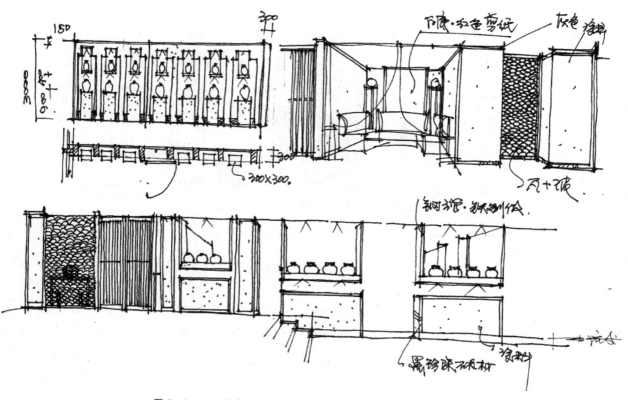

图 3 - 3 - 21　室内空间立面局域平面设计速写（屈彦波　绘制）

　　将空间叠加在一个速写画面内，透过前面的图形可以描绘后面的结构空间层次，这是设计速写所能达到的一种绘画意境，从中可以看出设计思维意识的表达过程。设计空间在设计过程中经过积蓄与推敲、形成意境并呈现在纸上。(见图 3 - 3 - 22 和图 3 - 3 - 23)

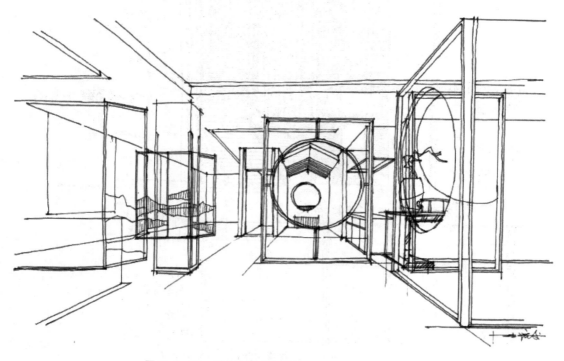

图 3 - 3 - 22　室内空间叠加透视速写（屈彦波　绘制）

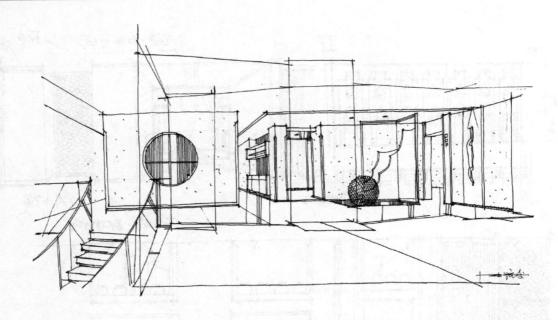

图 3 - 3 - 23　室内空间叠加透视速写（屈彦波　绘制）

　　环境设计的目的就是为了营造新的空间。利用索引的形式对设计进行标注，徒手表现是设计过程所必需的，也是设计思考所必然的，既便于记录构思也便于设计的进一步完善。将瞬间即逝的想法通过图形与文字记录下来（见图 3 - 3 - 24 至图 3 - 3 - 26），在表达空间意境的同时，要标注材料、结构与工艺。

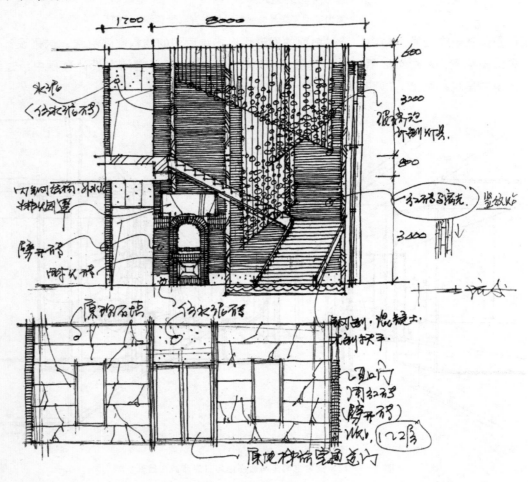

图 3 - 3 - 24　单线式设计速写（屈彦波　绘制）

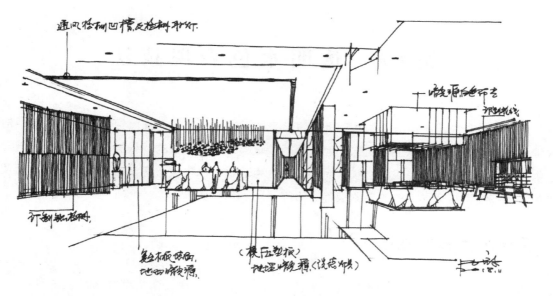

图 3 - 3 - 25 室内空间设计速写（屈彦波 绘制）

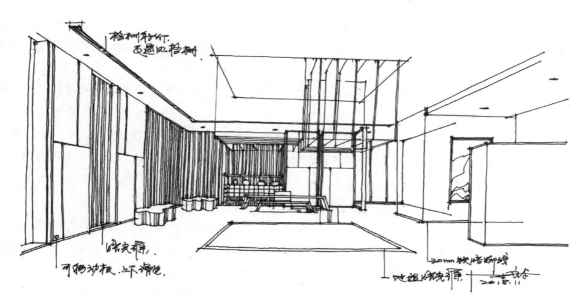

图 3 - 3 - 26 室内空间设计速写（屈彦波 绘制）

第4章 透明水色表现技法

透明水色技法是在照相色技法的基础上发展起来的手绘表现技法。从照相色到透明水色、幻灯片彩色墨水等，虽然绘画材料名称上有变化，但其绘画步骤、方法是一致的。根据目前透明水色与照相色在市场上的占有率，以及普遍使用的材料，而将其称之为透明水色技法。在设计表现技法中，透明水色技法与铅笔、钢笔线稿结合形成的效果图被称为铅笔淡彩、钢笔淡彩。

4.1 透明水色表现概述

透明水色绘制效果图作为中国设计表现中的一只奇葩，在表现技法的发展历程上占有重要的地位，在六七十年代水彩渲染与水粉技法并存的情况下，设计者们为了找到快捷、新颖的形式，进行了积极的探索。他们创造性地使用当时流行给照片着色的"照相色"来绘制效果图，并形成了比水彩快捷、透明的绘画形式。这一绘画形式被引入到课堂教学中，极大地提高了绘图的效率，当时被称为"照相色技法"。

最早使用的是本装照相色，其颜色被刷在纸上，用时剪下一块放在调色盘里用毛笔稀释即可开始绘画，主要由上海和天津两地生产。20世纪80年代，彩色胶卷的普及，使"照相色"的用量减少，取而代之的是注入塑料笔的彩色墨水（稳定性较差，色与色的调和时有不稳定的情况）。但很快就出现了照相色的替代品——幻灯片彩色墨水，这种墨水绘制效果图的图面效果较好，且可以像"照相色"一样进行调色。如天津的"狗牌"透明水色，北京墨水厂的"幻灯片彩色墨水"。此时，表现技法就将商品名"透明水色"作为技法名称，称为"透明水色技法"。

这种颜色的特点是透明，没有颗粒，12个色都可以在调色盘上进行调色，通过调色所产生的色相层次十分丰富。透明水色技法在马克笔应用于设计表达前是较为迅速、便捷的设计表现形式，是对中国画、水彩画、水粉画的借鉴与独特发挥。

在学习马克笔技法前，先学习透明水色技法，这是一种专业表现上的过渡。毛笔画图所产生的韵律、意境是马克笔所难以达到的。透明水色与马克笔的共性是颜色透明，不同的是水色可通过调色盘进行调色，马克笔是色相在纸上叠加。在此需要指出的是，本科初期的"设计色彩"课、"色彩构成"课，大多是用毛笔加水粉颜料绘图。到了学习表现技法阶段，"放弃"毛笔恐怕也是件遗憾的事。

4.2 透明水色表现基础

4.2.1 透明水色技法材料

1. 纸张的选择

应选择表面光滑，质地厚重不易起毛，颜色不易扩张的纸张。如道林纸、白卡纸、制图纸、水彩纸等。在学习阶段通常选用吸水性适中的制图纸或水彩纸。

2. 透明水色等的准备

宜选择瓶装透明水色或透明水彩（幻灯片色）及本装照相色，目前市场上销售的透明水色大多为

12色/套。(见图4－2－1)

    3. 笔的准备

    水彩笔、水粉笔、描图笔、签字笔以及国画用笔中的白云笔、衣纹笔等。(见图4－2－2)

图4－2－1　透明水色及效果图绘制状态

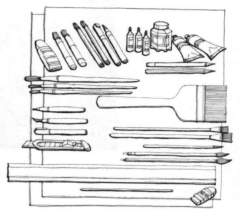

图4－2－2　工具与颜料的绘制效果图
(刁海涛原图，李春郁重新调整)

4.2.2　裱纸与拷贝

    在进行透明水色表现技法绘制前应该做到计划在前、行动在后，胸有成竹方可提笔作画。作为绘制效果图的准备阶段，一般要经过起稿、描绘、定稿、修正的过程。

    1. 起稿

    在定稿的基础上，通过在拷贝纸上起好画稿，把修改调整的过程留在拷贝纸上，这是运用透明技法特殊的要求，也是设计表现的开始（水粉、水彩技法也是如此）。画拷贝稿也是深思熟虑的过程，在拷贝纸上进行修改，当绘制正稿时不再进行大的调整。尽管修改与调整在所难免，但是为了画面的整洁与完美的最终效果，需要尽量将设计、思考、修改、调整的过程留给草稿，在拷贝纸上只进行起稿的过程。

    2. 裱纸

    由于绘制透明水色技法的特点，其绘制所用的画纸应选用具有一定吸水能力的水彩纸或制图纸，它们着色吸水后易会使纸张出现凹凸变化，干后难以恢复平整。故一般大幅绘制或绘画遍数较多时，应将图纸裱在图板上，同时注意保持纸张的清洁。(见图4－2－3)

    3. 拷贝转印法

    拷贝转印法是将在拷贝纸上画好的画稿转印到画纸上的方法，同时也是进行画面位置调整的一个过程（图4－2－4）。初学透视的同学，往往在绘制透视图时无法预测最终的效果，不知道绘图画面构图能否令人满意，因此，左右审动、上下调整是常有的事，在草图上改来改去，因此浪费了很多时间，这是学习阶段常有的事，随着设计表现技法学习的深入，绘画速度将不断提高。但坚持在拷贝纸上起稿仍是一个好习惯，因为拷贝过程不仅可以保证画面质量，保证纸的整洁，更重要的是可以进行位置经营，这是十分必要的过程。图4－2－5为拷贝稿与拷贝后的正稿。

    在完成了拷贝图转印后，就转入了透明水色的着色阶段。根据设计表现的内容与主题来确定色彩、色相，从而确定好画面的调子，在着色之前就应该预想到将来的效果，也可以先画一个小色彩稿或回忆一下曾有过的经历或借鉴成功的例子。对于进行绘画前的色彩计划，要做到成竹于心。

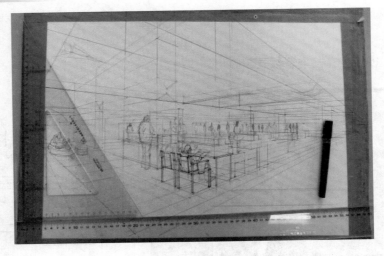

图 4-2-3　裱纸及绘制透视图

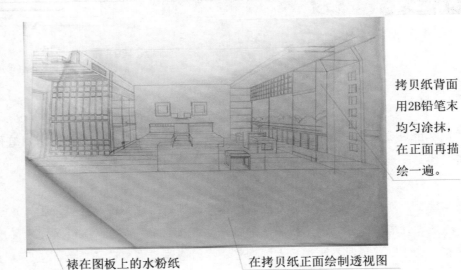

拷贝纸背面
用2B铅笔末
均匀涂抹,
在正面再描
绘一遍。

裱在图板上的水粉纸　　　　在拷贝纸正面绘制透视图

图 4-2-4　拷贝转印法

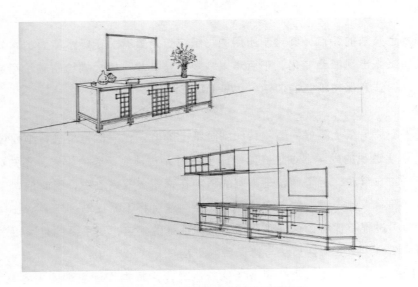

图 4-2-5　拷贝转印后的透视图正稿

环境艺术设计专业所及范围十分广泛，绘制工业产品、室内设计、建筑造型、景观设计等都是表现技法训练的内容，需要通过系统的训练掌握其绘制要领。下面分别以家具和室内空间的效果图的绘画介绍其绘制步骤，希望大家能够具体问题具体分析，学会举一反三。

4.3 透明水色单体表现技法

4.3.1 表现技法的程式画法

"程式画法"是对设计表现技法绘画步骤的再现，绘制效果图从构思到草图再到深化定稿是一个过程，着色是对思考物体或空间的深入细致的刻画，将色彩、质感赋予所设计的物体或环境，将意境融入其中，是对设计层次的深入判断与思考，是设计阶段的继续，切不可仅仅理解为上个颜色。着色要更强调设计意识的独创性。所以说，着色阶段不仅会决定绘制的效果，也决定着设计的"成败"。在"程式画法"中，绘制的过程是设计的继续，强调设计的程序性、顺序性，应当做到循序渐进。

绘制透明水色是由浅入深的过程，建议一般不要超过3~4遍，以免画面变浊。同时还要注意，调色时色相不要过多，一般使用2~3色，以主要色相为主适当降低明度和调整色相倾向即可。同时要注意色相的层次，"淡彩"的意境即可。

4.3.2 透明水色单件表现步骤

1. 着第一遍色

调一个产品（物体）的固有色，并且在规划好受光面、顺光面与背光面的基础上，留出高光与受光面。将色彩主要绘于顺光面和背光面上。注意绘制色彩的顺序与笔触方法，要表现出物体（家具）的质感特性。在所着色彩面未干时可着手绘制阴影（投影）以增强画面立体感，但要注意投影的素描关系，强调透气性。不要一次画足阴影部分，应留有余地。图4-3-1为透视稿，图4-3-2和图4-3-3为刷底色，图4-3-4为着第一遍色。此时家具的受光面借助底色呈现出来，后期再略加强调倒影即可。

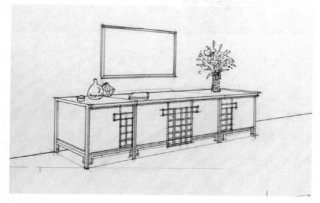

图4-3-1　单件家具透视

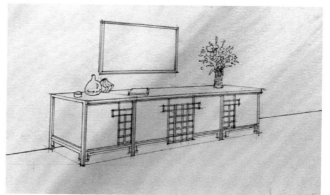

图4-3-2　刷底色

2. 着第二遍色

待第一遍颜色八成干时便可以绘制第二遍色，其色调往往比第一遍着色重1~2个色阶。这次仅绘制顺光面与被光面，画时应考虑好画面的素描关系，以及冷暖变化、远近、虚实等细节。同时继续绘制阴影的前端，使其与画面同步发展，层层深入。受光面用垂直笔触略画。（见图4-3-5）

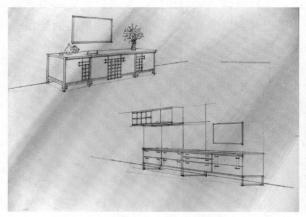

图 4-3-3　刷底色（羊毛板刷透明水色）

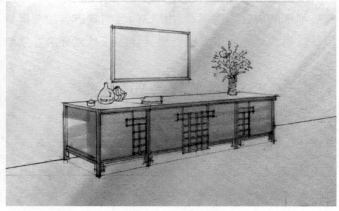

图 4-3-4　着第一遍色

3. 着第三遍色

待第二遍色干至八九成时就可以绘制第三遍颜色，其着色重点是背光面以及顺光面的细节等，要注意色彩的饱和度以及色彩在整个画面上的面积，同时调整阴影部分的细节。绘制饰物、配景以及装饰色：依照器物等的固有色进行色彩绘制，并且注意它们在主体物中的色彩变化以及整个画面的效果，就图中例子而言，其饰物、配景为陈设物、花卉等，而装饰色彩则往往指除主体物固有色之外的色彩变化如拉手、锁等，虽然它们都在主体位置上，但也应该注意描绘的程度，要做到主体明确、画面协调生动。（见图 4-3-6）

图 4-3-5　着第二遍色

图 4-3-6　着第三遍色

4. 勾线与提高光

在铅笔稿的基础上进行色彩绘制时，待色彩关系、空间层次、造型特点等表达清楚以后再用黑色墨线（针管笔、签字笔以及铅笔等）将铅笔线加深，使画面更加清楚，层次更加分明，这是绘制的关键。此时可以深入刻画一些细节，也可以加强色彩、质感表达不充分或不足的部分。这一阶段可以看作是对画面深入表达的阶段。（见图 4-3-7）

提高光的目的是增加物体在自然光线下或灯光下质感的真实性。客观、准确、生动地表现物体的形、色、质的关键一步就是提高光，在绘制时，往往无法留出细小的高光线，此时需要用白色水粉提出应有的高光。它是绘制的后期，也是收尾出效果的一步，往往有画龙点睛的效果。勾线的过程也可以在着色前进行，但要注意墨水会不会因为着色而扩张影响画面质量，从而破坏画面效果，这时可试用油性笔进行勾线。

图 4 - 3 - 7　勾线与提高光

5. 画面调整阶段

　　在勾线提高光的基础上进行画面调整是一个必做的过程。将画面立起到距 1.5 米左右的位置进行观察（有时会相隔其他的距离甚至将画面倒放），审视画面整体效果，发现存在的不足，及时进行调整，待调整后再进行观察，如此反复调整直至满意为止。在绘制的其他阶段也应注意远距离观察画面。（见图 4 - 3 - 8）

图 4 - 3 - 8　调整画面

4.3.3　透明水色单件表现实例

　　透明水色单件表现实例见图 4 - 3 - 9 至图 4 - 3 - 11。

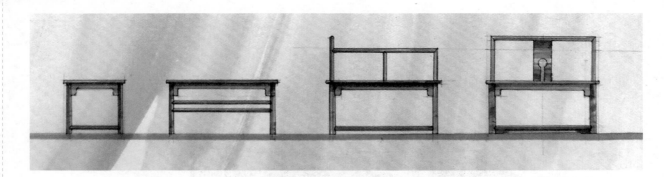

图 4-3-9　明式家具设计投影图

图 4-3-10　单件家具效果图

图 4-3-11　透明水色单件家具及质感练习

4.4 透明水色室内表现技法

4.4.1 透明水色室内表现步骤

以宾馆客房室内效果图的绘制的过程为例，介绍透明水色的室内表现技法。用透明水色绘制室内效果图与描绘家具的方法大致相近，同样存在绘画步骤与程序的问题，应在心中有数的前提下进行效果图绘制，绘制室内效果图同样要注意构图，要从草图拷贝稿开始，坚持通过二次构图来保证画面的最佳效果。(见图4-4-1和图4-4-2)

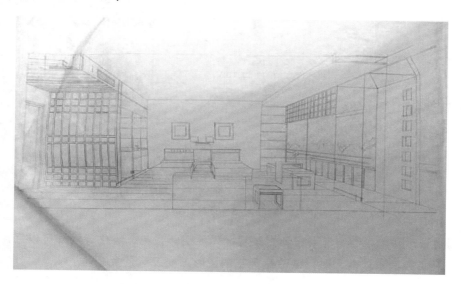

图4-4-1　在拷贝纸上起稿，通过转印成正稿

图4-4-2　描绘好的正稿

画室内效果图同样有程序可以遵循，通常可以归纳为一句话：先画棚、墙、地，后画家具与饰物。把空间的描绘放在首位进行，切忌拿起笔来就画局部饰物、家具。在初学阶段，学习者往往容易盯住小物品（特别是曾经画过的比较熟练的物品）而忽视整体画面，而室内空间效果图的关键就在于对总体的把握。

（1）首先绘制天棚大的色彩关系，天棚与室内其他界面比较起来，一般色彩比较单一，以白色调为主，但会形成色彩倾向性如淡黄色、浅灰色调等。天棚还会有其他材料、造型组合，多以吊顶的形式出现，再配以灯具等，一定要具体问题具体分析。绘制时应注意用比较宽的笔进行绘制，选用的笔宁大勿小。图4-4-3为采用湿画法绘制的天棚画面形成了色彩渐变。

图4-4-3　绘制天棚

（2）在天棚未干时开始绘制室外（窗外）景观，如天空、景色、绿化等同样可以采用湿画法进行绘制（见图4-4-4）。绘制室外蓝天时，要注意天空的色彩渐变及远近关系。

图4-4-4　绘制室外蓝天

（3）绘制墙面：依照事先规划好的光线形式绘制墙面，一般由里向外依次描绘，要注意虚实、深浅变化。图4-4-5中墙面的固有色为深色，并预留出浴室灯光及壁灯灯光对墙面所形成的变化。

（4）绘制地面：根据地面材质及色彩进行绘制，调一个中间的色调进行第一遍绘制，绘制时注意地毯。至此室内大的空间（棚、地）的关系已经建立起来了。绘制地面时要根据地面的不同材质来进行表现，如剖光的石材、瓷砖、木质地板等会有一定的反光与倒影（见图4-5-6）。绘制室外空间及地面时，要注意投影的色阶与渐变。

图 4 - 4 - 5　绘制室内局域天棚及墙面

图 4 - 4 - 6　绘制室外空间及地面

（5）绘制家具及饰物：绘制拟定环境下的家具及电器陈设物，关键是要依照环境空间的因素变化进行描绘。如光线影子与墙、地等因素会对家具产生影响，同时家具也会对墙、地等空间环境产生影响要对这些影响进行分析、判断，切不可孤立地看待家具与电器、饰物等。由此绘制成的室内空间应该是整体性强的空间。（见图 4 - 4 - 7）

图 4 - 4 - 7　对家具和门等进行着色

（6）整体调整阶段：在完成了室内各项内容绘制的前提下，对画面进行调整是十分必要的，通过各个部分的比较发现表达的薄弱环节从而进行调整，这个过程需要反复进行几次才能使画面达到最佳效果。图4-4-8至图4-3-10为完成稿。

图4-4-8　画面调整绘制建筑细节

图4-4-9　绘制室外构件深化室内空间

图4-4-10　完成稿

4.4.2　透明水色室内表现实例

图 4-4-11 至图 4-4-16 为透明水色技法绘制的室内效果图。

图 4-4-11　透明水色中式空间设计表现图

图 4-4-12　办公空间设计方案（透明水色　制图纸）

图 4 - 4 - 13　宾馆大堂室内空间设计方案（透明水色　制图纸）

图 4 - 4 - 14　电影博物馆展厅设计方案（透明水色　水彩纸）

图 4 - 4 - 15　书店室内空间设计方案（透明水色　水彩纸）

图 4 - 4 - 16　居住空间设计方案（透明水色　水彩纸）

4.5 透明水色室外表现技法

室外景观的透明水色技法：绘制建筑物及室外景观环境是环境艺术设计专业所及的范围，把握绘画规律，将设计的景观、小品、室外空间环境充分表达出来，也是值得研究和探讨的；它的绘制在某种程度上与家具、室内表现形式有相似之处，需要把握空间的转换，由室内特定光线描绘效果图到室外阳光下或夜晚灯光下的描绘，只有环境的转换和背景内容的转换。这是在绘制室外空间效果图前要搞懂弄清的。不要因为空间的变化而无从着手，一定要学会抓主要矛盾。

4.5.1 透明色室外表现步骤要求

前期准备工作：与家具、工业品、室内透明水色技法绘制准备材料相同。

应按照大处着手、层次分明、细节刻画、整体把握的原则进行着色。一般而言，天空作为大的背景出现，可以预先确定天空的状态，如晴朗的天空、阴天、晚霞……在能够确定室外空间的氛围和起稿绘画前应该有一个清醒的打算，先画一个小稿或打一个腹稿。做到心中有数，意在笔先。

1. 整体背景环境的处理

所谓整体背景就是指天空、建筑、绿化等。从画面效果出发，可以理解为远、中、近三层关系。

根据预想进行推敲、判断出绘画前的心理概念，然后再进入绘画阶段，同时依然要注意的是绘画层次与绘画遍数的问题，要注意以下几点：

（1）注意光线的布置和阴影的把握，确定光线的方向、明暗层次关系及画面空间效果。

（2）整体色彩效果把握，注意环境季节的描绘与总体色彩的关系，注意物体的固有色在环境空间中的变化。

（3）层次与主体物的关系的区分，把握绘画表现的主题物的程度，确定主题物的主体地位，使配景起到衬托主体物的作用。

2. 室外空间物体的描绘

依照设计好的光源进行环境景观物体的绘制，其物体包括室外空间的一切物品，如建筑、树木绿化、公共艺术、灯具、家具、人物等等。将绘画技法应用到空间表现时应注意概括性以及对建筑、环境、景观准确度的把握。这里重点强调近实远虚的作用，注意大关系的把握。

4.5.2 室外景观建筑透明水色技法

基本技法与室内空间技法一致，只是要注意这次空间界面由棚、墙、地转化到了天空、绿植、地面等。使用透明水色技法绘制室外效果图的绘图步骤如下：

（1）拷贝、拓印透视图，在裱好的图纸上通过拷贝转印法将透视图拓印于图纸上。（见图4-5-1）

（2）绘制天空与水面大的背景，用湿画法画天空、水面。先用没有颜色的笔蘸水将要画的部分用水画一遍，再用有天空颜色的笔进行绘画，让颜色在湿纸上扩张形成自然层次。最后在不满意的地方作补充。一般情况下该步骤应一次完成，效果会比较理想。（见图4-5-2）

（3）继续绘制环境空间大的关系，用淡一些的色彩绘制地面、草坪。尽量不要画得过满，应留有一定的空白，保持画面的通透感与层次感。（见图4-5-3）

（4）依据事先设定好的光线，进行构筑物大面积背光面以及阴影的绘制，同时对建筑的瓦、水边的石头、绿化等进行大关系的描绘。注意整体大关系体量感的把握。（见图4-5-4）

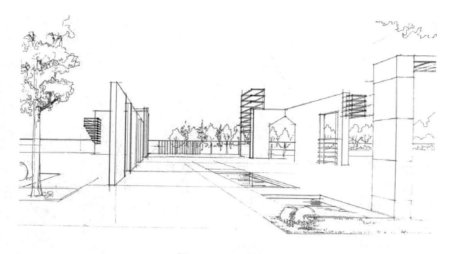

图 4 - 5 - 1　透视稿

图 4 - 5 - 2　绘制天空与水面

图 4 - 5 - 3　绘制地面草坪

图 4-5-4　绘制主要构筑物

（5）绘制建筑或构筑物环境的装饰色，并对人物进行着色。要对画面的细节进行逐步的着色，这样所绘制的面积也就会越来越小，但画的时候要注意前后关系的把握。注意运用概括的手法描绘树木花草等，做到取舍得当。（见图 4-5-5）

图 4-5-5　绘制空间装饰及绿植

（6）最后是调整阶段：勾线、提高光，并对细节和局部进行调整，注意保持画面的整体性。（见图 4-5-6）

图 4-5-6 勾线、提高光调整细部（此图有褪色迹象）

4.5.3 室外景观透明水色着色过程举例

参照图 4-5-7 至图 4-5-15，九幅关于新农村住宅与村落的设计方案图，再感受一下透明水色的表现过程。

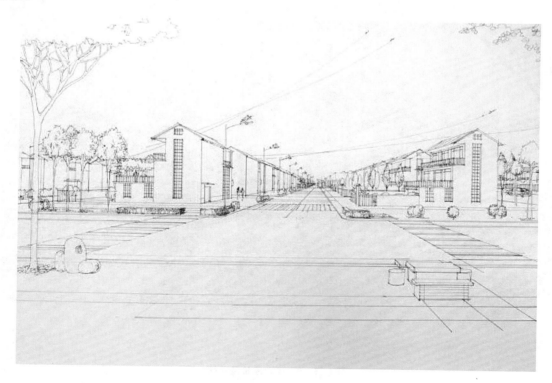

图 4-5-7 村落室外景观透视图

图4-5-8 湿画法绘制天空与地面

图4-5-9 绘制建筑及绿植

图 4 - 5 - 10   深入刻画细节

图 4 - 5 - 11   细节层次刻画

图 4 - 5 - 12 局部放大之一

图 4 - 5 - 13 局部放大之二

图 4 - 5 - 14　完成稿

图 4 - 5 - 15　装裱后的效果

4.5.4　室外景观透明水色实例

图4-5-16至图4-5-20为透明水色技法绘制的城市景观效果图，利用绿色为主要色彩，突出了绿地、树木、金属雕塑的层次感以及与景观的呼应。

图 4 - 5 - 16　透明水色城市公园雕塑

图 4 - 5 - 17　体育馆建筑环境表现（透明水色　水彩纸）

图 4 - 5 - 18　建筑景观空间表现图（透明水色　水彩纸）

图 4 - 5 - 19　建筑银行门脸表现图（透明水色）

图 4 - 5 - 20 建筑银行门脸表现图局部（透明水色）

第5章 马克笔表现技法

5.1 马克笔表现概述

人类在色彩学研究进程中，理性地对色彩进行了明度与纯度等的空间排列形成了"色立体"。"色立体"的出现使设计色彩研究迈向了一个新的高度，并在"色立体"的体系下形成了色相编号的色标体系，依据这个体系制作出独立编号的彩色笔系列——马克笔。马克笔是一种将固定透明颜色注入笔芯中，笔尖呈现出倾斜的立方体状态的笔，故又被称为箱头笔。马克笔笔尖有单头和双头之分，双头的一头是画"细"线的尖头，另一头是箱头（斜立方体）。马克笔分为油性和水性两大类，且每支笔的颜色都是固定的（见图5-1-1）。马克笔具有色彩标准、笔触鲜明、色相系列化、产品规模化的特点，组合由30支/套至200支/套不等，可根据需要进行选择。20世纪90年代，中国开始进口马克笔，随后逐渐在国内实行生产，马克笔被广泛应用于设计领域，马克笔设计表现技法也随之兴起，它成了现代手绘设计表现中应用比较广泛的绘画工具。随着计算机辅助设计的普及，在设计初级阶段，马克笔常被作为绘制设计表现草图方案

图5-1-1　某品牌马克笔及马克笔色系

的首选材料。图5-1-2为不同品牌马克笔所绘制的线，而图5-1-3为马克笔所能绘制的线，通过这两张图可以看出马克笔作为绘画工具与其他绘画工具在形式上的差别。从绘画的角度出发，马克笔产品色相系列化，省去了调色的过程，并且可以用颜色在纸上进行色彩叠加，形成新的色相。

图5-1-2　不同品牌马克笔所绘制的线

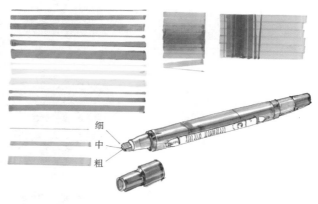

图5-1-3　马克笔绘制出不同宽度的线

用马克笔绘制设计效果图就需要掌握其特性，并熟悉所选择的马克笔与纸张间所形成的色彩效果。一般来讲，油性马克笔的颜色在纸上容易扩散，且渗透性较强，因此对纸张的要求较高，需要选择双面白卡纸、硫酸纸、水粉纸、80克以上复印纸等。水性马克笔的颜色在纸上较为稳定，对纸的要求也不高。每次买到马克笔后都要事先在纸上实验，以此来确定笔与纸间的表现效果。初学者可以先选择水性

马克笔，运用复印纸等普通纸张进行练习，这样可以降低成本，随着对马克笔的掌握，再逐渐选择油性马克笔和其他纸张进行绘画。

5.2 马克笔表现基础

由于马克笔色彩的特性是透明液体，因此基本上不具备覆盖性，颜色一旦画到纸上便无法更改。若想确定色相，首先要选用设定好颜色的马克笔进行绘画，这样画出来的颜色会比较单纯，透明度也较高。再就是可以根据需要做出多种色相的选择，在纸张上进行色相的叠加，并且叠加的过程也是设计师进行色彩表现的关键所在，不同的绘画手法将产生不同的画面效果。

通过色彩的叠加能在空间立体造型上创造出较为丰富的色彩变化，这是使用马克笔绘画所需要掌握的要领。只要在练习时注意细心体会，就能逐步掌握马克笔色彩变化的规律，逐步提高绘画的水平。比如对第一遍色彩与第二遍色彩之间间隔时间的把握以及对于绘画速度的把握等，都应通过不断的练习去逐步掌握。这里需要指出的是马克笔的含水量是有限的，用后一定要将笔帽盖紧，应听到笔帽发出"咔"的声音。另外，用干的马克笔，不要丢掉，只要注入水或相应的溶剂，往往就可以画出该色系新的浅色效果。

5.2.1 马克笔色彩感体验练习

（1）同色系同支叠加，体会色彩的变化及运笔与笔触的排列。

（2）同色系多支叠加，先画浅色后画深色，体验同色系之间的色彩叠加所带来的变化。

（3）纯度叠加，在固有色的前提下覆盖灰色，体会色相的变化程度。

（4）灰度变化，在灰色打底的基础上画颜色，体会色相的变化程度。

图5-2-1为单只马克笔叠加的效果，而图5-2-2则为多只马克笔色相叠加的效果。

图5-2-1 马克笔色彩叠加（1）

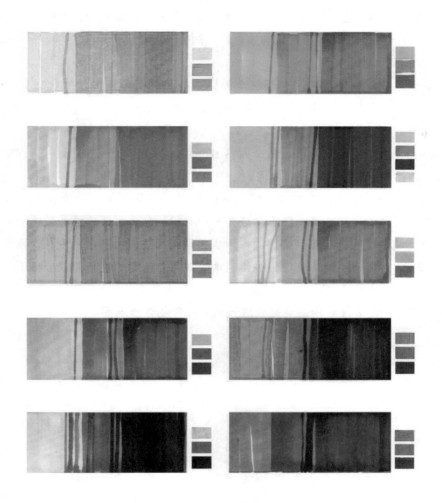

图 5－2－2　马克笔色彩叠加（2）

5.2.2　马克笔技法基本步骤

　　在掌握了透明水色技法的基础上进行马克笔表现技法的学习。它跟透明水色技法的绘画原理与作图步骤是一致的。但使用的纸张应选择专门用纸或吸水性比较弱但表面光滑的纸张，如复印纸，双面白板纸等。吸水性强的纸，如水彩纸、水粉纸以及制图纸，在使用马克笔技法时画面将无法控制，甚至上完第一遍色纸张就已经饱和将无法再往下进行，对纸张性能的掌握应在实践中摸索。目前人们大多采用复印纸进行绘制，其优点有：①可以将画稿复印后再着色，这样能使画稿多张同时存在或使画稿放大缩小；②便于复制画稿，可以实现色彩效果多方案；③由于是复印稿，所以黑色线条不易与马克笔色混淆弄脏画面。

5.3　马克笔单体表现技法

5.3.1　马克笔基本步骤

　　通过学习单件物体的马克笔绘制技法，熟悉其特性；充分运用素描的关系及色彩在空间的表现等方面的知识，通过单件家具的绘制掌握马克笔的使用要领，为绘制室内外空间马克笔效果图打下基础，其基本步骤如下：

（1）画第一遍颜色，用浅色笔绘制三个面（受光面、顺光面、背光面）并注意留出高光部分，将笔顺与质感、投影、反光相结合，切忌画出轮廓线之外。同时绘制投影，用浅灰色着第一遍颜色。图5-3-3为用基本色相上色受光面和顺光面。

（2）着第二遍颜色，用浅色及中间色画三个面，一般受光面绘画的次数比较少，只强调质感的变化。而背光面、顺光面则可在绘制深浅变化的同时，刻画画面的细节，并深入刻画投影。图5-3-4为用深的基本色绘制背光面，用灰色绘制阴影。

（3）第三遍颜色，用中间色或深色画两个面（背光面、顺光面），进一步刻画细节及增强整体素描关系。图5-3-5为绘制家具层次及装饰物色彩。

（4）环境色与装饰物的绘画，在主体完成的同时也应注意装饰物、装饰色的描绘，将装饰物如书籍、茶具、花卉等与主体物同等看待，让它们成为一个有机的整体，还应注意装饰物与主体物之间的层次关系、色彩关系，使装饰物真正起到装饰的作用，强调画面统一协调中的变化。图5-3-6为绘制空间背景色，图5-3-7为强化空间背景勾墨线绘制木纹并用彩色铅笔进行渲染，图5-3-8为上提高光完成图。

图5-3-1至图5-3-8是运用马克笔技法绘制的单件物体步骤图。

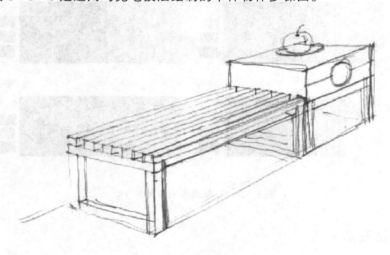

图5-3-1　铅笔稿

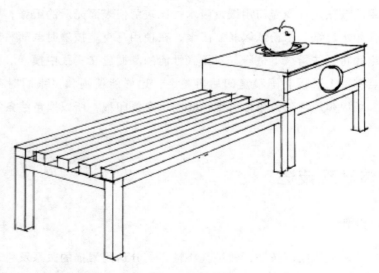

图5-3-2　拓印出正稿

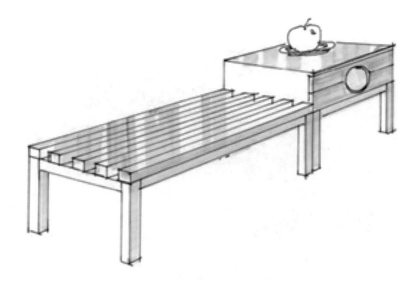

图 5 - 3 - 3 上颜色（受光面 顺光面）

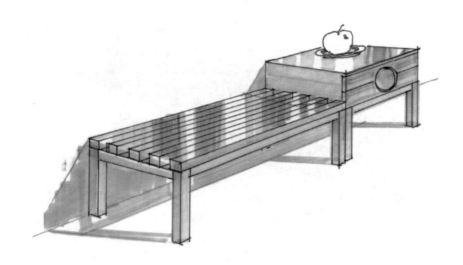

图 5 - 3 - 4 绘制背光面及阴影

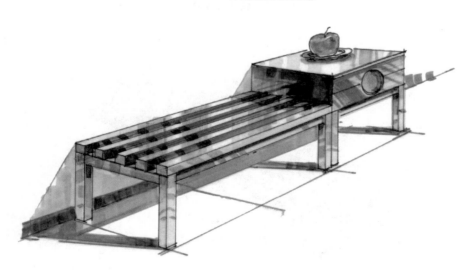

图 5 - 3 - 5 绘制家具层次及装饰物色彩

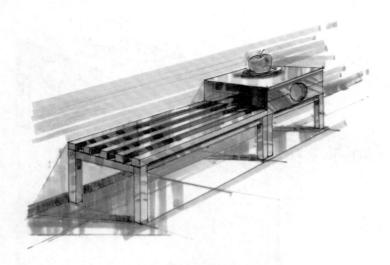

图 5-3-6 绘制空间背景色

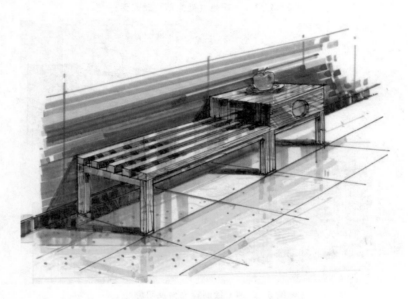

图 5-3-7 强化空间背景勾墨线绘制木纹并用彩色铅笔进行渲染

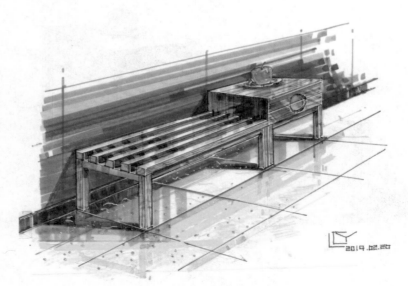

图 5-3-8 上提高光完成图

5.3.2 马克笔单体实例

图5-3-9至图5-3-15为运用马克笔技法绘制家具及家具组合练习图。

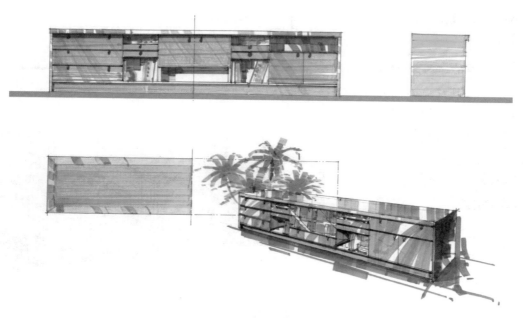

图5-3-9 马克笔家具立面与透视（尺规）

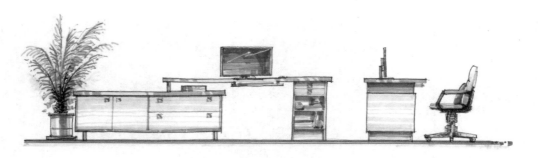

图5-3-10 马克笔家具立面表达（徒手）

图5-3-11 马克笔矮柜（徒手）

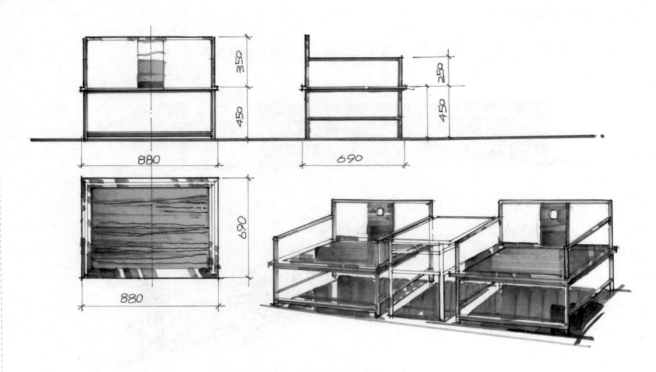

图 5 - 3 - 12　马克笔家具立面与透视（徒手）

图 5 - 3 - 13　洁具与植物照片临摹（徒手　彩色水粉纸马克笔与修正液）

图 5-3-14　室内一角家具组合（徒手）

图 5-3-15　室内沙发组合（马克笔　硫酸纸　徒手）

5.4　马克笔室内表现技法

5.4.1　马克笔绘制室内基本要求

（1）在进行室内外空间的描绘中，应先画大的投影关系，先让画面立体化，如利用冷灰色或暖灰色先把大的素描关系定下来，以便进一步绘制细节。

（2）绘制的遍数不宜过多，遍数过多会使画面的颜色变得混浊，从而失去手绘马克笔的透明特点。

所以一般情况下应该在第一遍色干后再画第二遍颜色。

（3）充分发挥彩色铅笔的作用，彩色铅笔可以在画马克笔之前画大的关系，或在马克笔之后用于收尾润色整体效果。

5.4.2 马克笔室内绘制步骤

以某住宅温泉洗浴室内的空间效果图为例，它就是先在拷贝纸上起稿，再通过拷贝转印法得到室内透视图正稿（见图5-4-1）。首先从室内透视图的天棚开始绘制，从左至右利用垂直排列笔触的画法，绘制天棚的造型。

图5-4-1　马克笔绘制天棚

确定素描关系：在设定好光源的基础上画出室内的投影与暗部。采用灰色调绘制投影、暖色调画室内基调，以此来确定室内大的素描关系，先让画面立体化。（见图5-4-2和图5-4-3）

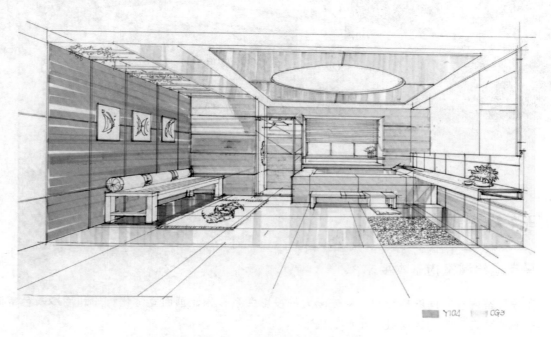

图5-4-2　绘制空间明暗基调及左墙面

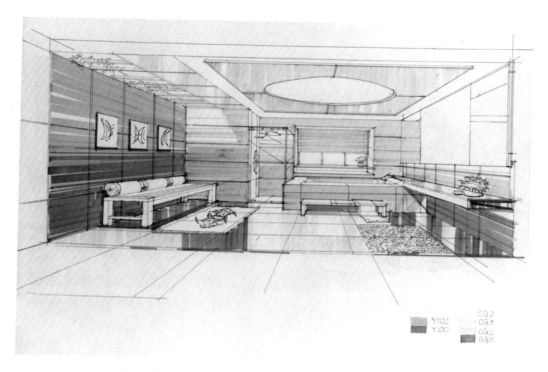

图 5 - 4 - 3 灰色基调绘制素描关系

绘制室内色彩：对家具、电器、陈设以及地面等的色彩进行逐步的绘制。一般先画浅的颜色，再画深的颜色，同时还要注意物体的质感表现以及光线的变化。(见图 5 - 4 - 4)

图 5 - 4 - 4 绘制家具

进入深入刻画阶段：对灯光、反光、影子的层次做重点描绘，提亮灯光照明区域，并注意强调画面的生活气息，绘制织物、室内外蓝调玻璃等，切不可使画面凌乱、脏浊。(见图 5 - 4 - 5 和图 5 - 4 - 6)

图 5 - 4 - 5   绘制装饰物与室外玻璃

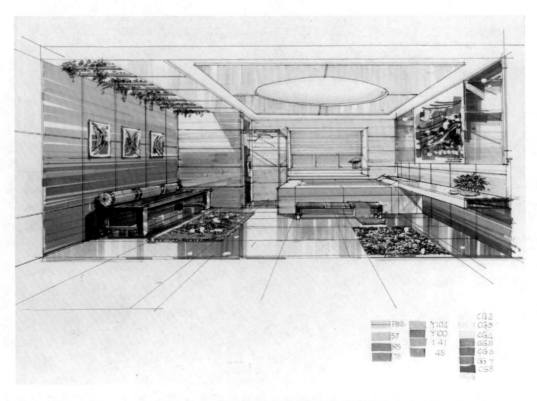

图 5 - 4 - 6   绘制陈设、装饰物、植物调整画面

进入调整和润色阶段：对墙体进行进一步的调整，突出家具的中心地位，强调灯光的效果，使画面的整体性增强。其中光亮的部分经常是留出来的或利用渐变画法画出来的，可用彩色铅笔进行润色过渡。图5-4-7为利用浅黄色彩色铅笔进行润色过渡，增强灯光与地面的质感效果。

图5-4-7　温泉洗浴空间之一（马克笔　白卡纸）

某住宅的温泉洗浴空间方案二（见图5-4-8），在硫酸纸上绘制马克笔效果图，要注意画面的细节及装饰物的描绘，强调色调明度的渐变，并形成层次感。图5-4-9和图5-4-10为该图的局部放大，用马克笔绘制室内效果图时需要注意描绘家具、陈设、装饰物等细节，要与概括相结合，形成整体的画面。

图5-4-8　温泉洗浴空间之二（马克笔　硫酸纸）

图 5-4-9 局部放大图   图 5-4-10 局部放大图

　　某住宅的温泉洗浴空间之三（见图 5-4-11），在白卡纸上完成徒手成角透视、画面不同材质组合的表达和空间意境的营造。通过室内的植物与室外的冬雪形成室内外在季节上的反差，突出室内空间的使用功能。

　　上述三例，反映了运用马克笔绘制室内空间的可塑性及对绘画用纸的多种选择。通过一个主题设计出不同的意境，充分掌握好、运用好效果图的三大元素：形态（造型与透视表现空间）、质感、色彩，把握好其设计内涵，利用好马克笔的色彩叠加，不断地进行总结并逐渐掌握其特性。

图 5-4-11 温泉洗浴空间之三（马克笔 双面白卡纸）

5.4.3 马克笔室内效果图实例

　　图 5-4-12 至图 5-4-26 是运用马克笔技法绘制的室内效果图，不论是借助直尺绘制的，还是徒手绘制的都能够反映出设计意境与设计内涵的表现。表现手法的多样性是由设计内容所决定的，做到灵活运用、恰当表现最为重要。

图 5 - 4 - 12　青年公寓室内设计方案（马克笔　彩铅　白卡纸）

图 5 - 4 - 13　居住空间客厅室内设计（两点透视　马克笔　白卡纸）

图 5 - 4 - 14 某居住空间主卧室入口与室内设计（徒手 一点透视 马克笔 白卡纸）

图 5 - 4 - 15 别墅门厅及室内设计（徒手 两点透视 马克笔 白卡纸）

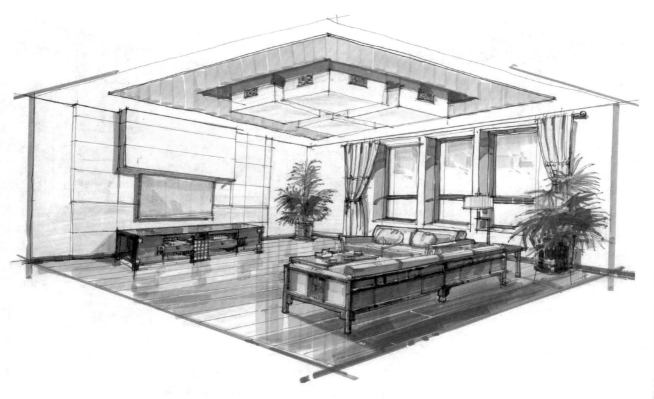

图 5 - 4 - 16　居住空间客厅室内设计（两点透视　马克笔　白卡纸）

图 5 - 4 - 17　办公空间室内设计（两点透视　马克笔　彩铅　修正液　彩色纸）

图 5 - 4 - 18　书房室内设计（两点透视　马克笔　彩铅　修正液　复印纸）

图 5 - 4 - 19　现代建筑空间单色系练习（两点透视　马克笔　白卡纸）

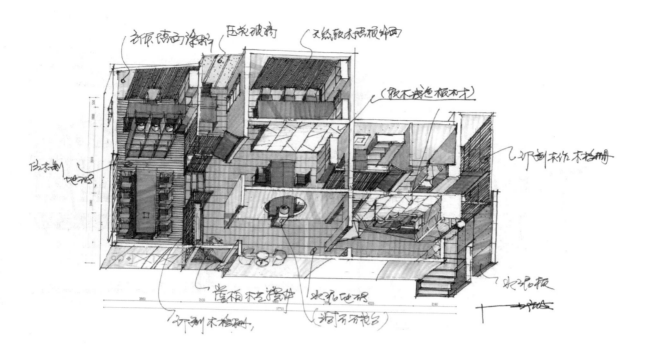

图 5 - 4 - 20　餐厅室内空间鸟瞰图［马克笔　复印纸（屈彦波　绘制）］

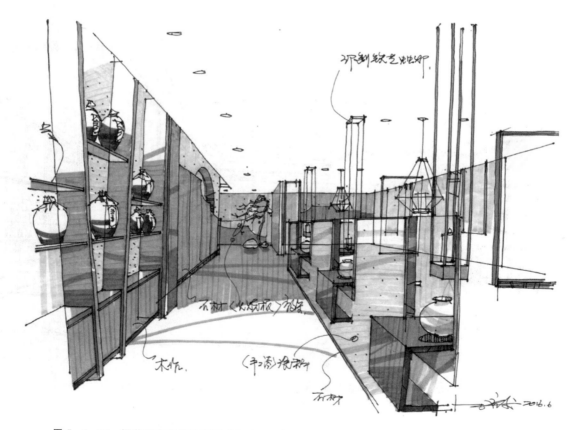

图 5 - 4 - 21　酒巷室内空间效果图［徒手　一点透视　马克笔　复印纸（屈彦波　绘制）］

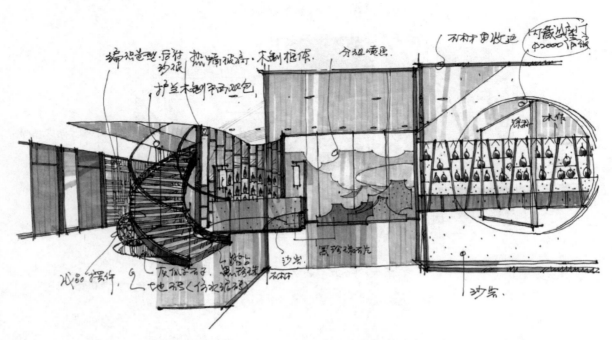

图 5-4-22 酒巷室内空间效果图［徒手 一点透视 马克笔 复印纸（屈彦波 绘制）］

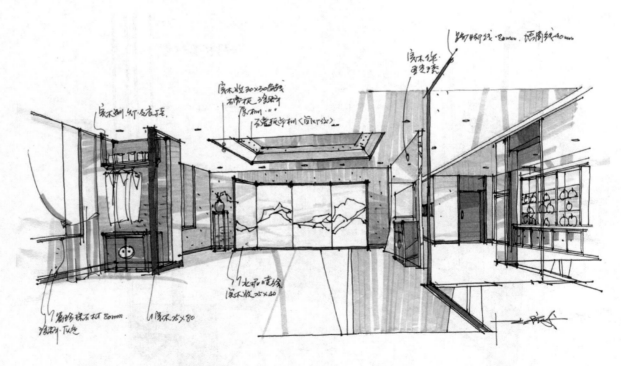

图 5-4-23 酒香室内空间效果图［徒手 一点透视 马克笔 复印纸（屈彦波 绘制）］

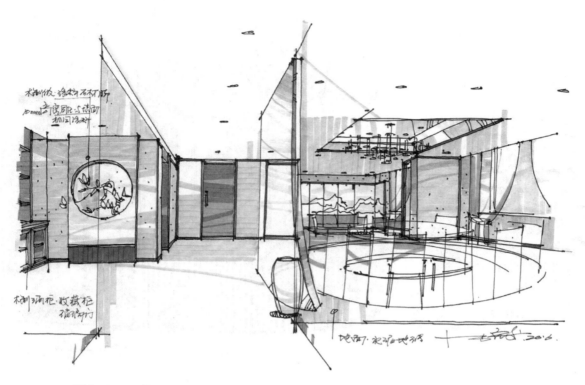

图 5 - 4 - 24　酒香室内空间效果图［徒手　一点透视　马克笔　复印纸（屈彦波　绘制）］

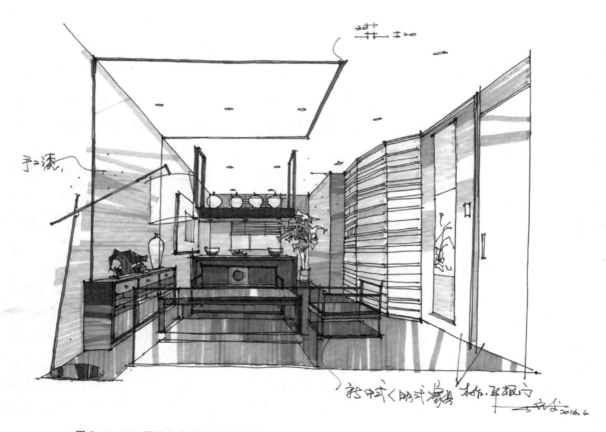

图 5 - 4 - 25　酒香室内空间效果图［徒手　一点透视　马克笔　复印纸（屈彦波　绘制）］

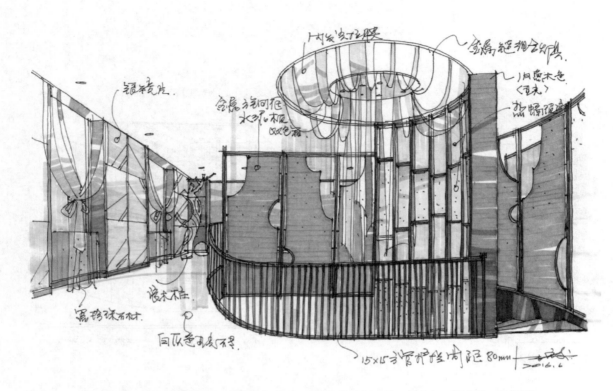

图 5-4-26　酒香室内空间效果图［徒手　一点透视　马克笔　复印纸（屈彦波　绘制）］

5.5　马克笔室外表现技法

5.5.1　马克笔表现室外概说

　　绘制建筑、景观时不要被它们的丰富的层次、多变的空间以及丰富的材料所迷惑，要从整体上把握建筑、景观的造型表现。建筑多以几何体的形式出现，不要盯住一点不放，总是强调小的面积描绘，从而忽视了整体的效果，这将是得不偿失的。

　　对室外材料材质的表现是需要下一番功夫的，要在建筑、景观的空间范围内理解材料所处的位置、应具有的特定状态，这往往与室内效果有所差异。就室外空间绘画步骤而言，遵循从大到小、从上至下的规律，先从蓝天和地面画起，然后再画建筑、景物，最后依照树木、人物的顺序进行绘制，这与其他技法是同样的道理。

　　（1）从局部练习开始：从局部和景观小品画起，从造型与材质画起。

　　（2）天空：由于马克笔的宽度是一定的，往往不适合用来大面积地画天空，运笔应讲求规律，处理方法就是在云朵中绘制蓝天，让白云间穿插蓝天，或围绕建筑、景观等主题进行有重点的描绘。可以节约色彩、节约时间，并注意天空与建筑造型的协调，天空是整体画面的一部分，应从整体协调和谐的角度把握天空。另外，还可以用彩色铅笔画蓝天，它更能够体现渐变的效果。

　　（3）建筑物主体的着色：依照受光面与背光面按面进行描绘，注意面的渐变关系以及色彩与质感的表现，同时还要对门、窗口进行修正（有时会先画门、窗，有时会先留出空隙不画），依旧是先画出主体色彩，用浅、中、深三支笔以及灰调笔作为基本色调。针对变化的色调要在绘制过程中进行选择与运用。

　　图 5-5-1 至图 5-5-4 为室外景观质感练习和景观小品绘制。

图 5-5-1　室外景观质感练习

图 5-5-2　室外景观［徒手　小品　马克笔　复印纸（田凯今　绘制）］

图 5-5-3 室外景观［徒手 小品 马克笔 复印纸（田凯今 绘制）］

图 5-5-4 室外景观［徒手 小品 马克笔 复印纸（田凯今 绘制）］

5.5.2 马克笔手绘室外景观效果图步骤

以对临某使馆庭院为例。图5-5-5为绘制的工作状态，图5-5-6为依据照片绘制的透视图，规格为A4，是经过复印得到的透视复印稿，用油性笔绘制而成。

图5-5-5 绘制工作状态

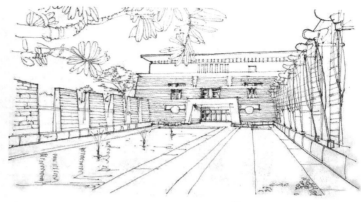

图5-5-6 透视图（A4规格）

第一，庭院是围合式空间，从墙体与地面画起。墙体周边一个基调，并绘制水池中水的状态。（见图5-5-7）

图5-5-7 绘制墙面基础部分

第二，绘制环境空间，对建筑及其余的墙体进行绘制。绘制墙体时，要注意渐变节奏（见图5-5-8）。绘制建筑及其余的墙体，发挥油性马克笔的在复印纸上的效果，以及颜色扩张的效果，使画面变得较为生动（见图5-5-9）。

第三，绘制蓝天、绿植、水面、地面（见图5-5-10）。注意渐变与色相的搭配，水面由近及远，颜色由深变浅，色彩由暗变亮；绘制地面、石子、草坪时要注意色彩的变化，把握好环境意境和色彩的对比使叶子有透明感；绘制蓝天与白云时要注意留白及空间的层次感。

图 5 - 5 - 8　绘制建筑墙体

图 5 - 5 - 9　绘制建筑及墙体

图 5 - 5 - 10   绘制蓝天   绿植   水面   地面

第四，调整画面、勾墨线、提高光。局部利用白马克笔及修正液绘制喷泉及水的亮点。调整画面局部放大（见图 5 - 5 - 11），可以看出白马克笔及修正液的痕迹，使水与喷泉变得更加生动真实。（见图 5 - 5 - 12）

图 5 - 5 - 11   调整画面（局部放大）

图 5-5-12　室外环境完成稿

5.5.3　马克笔手绘室外景观效果图实例

图 5-5-13 为照片资料对临马克笔效果图，在白卡纸纸上绘制建筑、树木和草坪，要注意远近关系，以及季节与环境意境的感受。

图 5-5-13　室外空间效果图（资料对临）（马克笔　白卡纸）

图 5-5-14 至图 5-5-28 为使用马克笔绘制的室外环境空间效果图举例，体现了内容与技法的变化，依据设计题目与设计主题内容选择设计表现的透视角度，突出室外环境的特点，营造出适宜的景观环境。希望初学者能够多加练习、举一反三，发挥自己的主观能动性，创造出宜人的环境意境。

图 5-5-14　别墅方案 [马克笔　复印纸　（屈沫　绘制）]

图 5-5-15　城市广场空间 [马克笔　复印纸（田凯今　绘制）]

图 5 - 5 - 16　城市广场空间〔马克笔　复印纸（田凯今　绘制）〕

图 5 - 5 - 17　城市广场空间〔马克笔　复印纸（田凯今　绘制）〕

图 5 - 5 - 18　建筑空间马克笔效果图

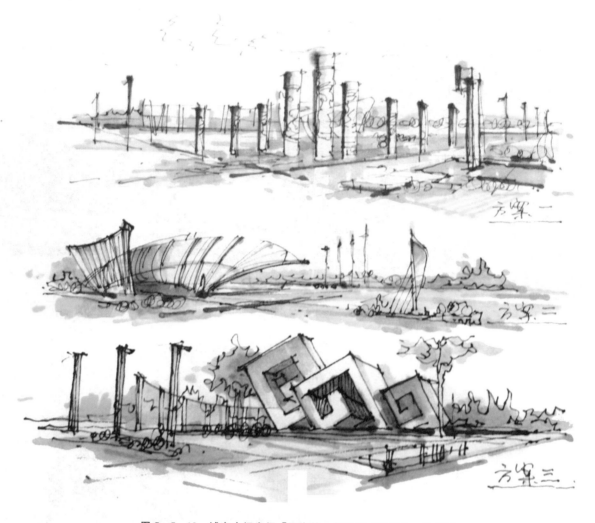

图 5 - 5 - 19　城市广场空间［马克笔　复印纸（田凯今　绘制）］

图 5 - 5 - 20　建筑入口（马克笔　白卡纸）

图 5-5-21 建筑意境（马克笔 白卡纸）

图 5-5-22 校区景观局部［马克笔 白卡纸（田凯今 绘制）］

图 5-5-23 校园大门设计方案（马克笔 白卡纸）

图 5-5-24 海滨环境设计方案（马克笔 白卡纸）

图 5-5-25 海滨休闲景观设计方案（马克笔 白卡纸）

图 5 - 5 - 26　城市公园雕塑设计方案（马克笔　双面白卡纸）

图 5 - 5 - 27　城市空间环境设计方案（马克笔　硫酸纸）

图 5 - 5 - 28　城市公园环境意境（马克笔　白卡纸）

第6章 快速设计表现

快速设计表现是设计表现中的"草书",其基础是前面讲过的造型、色彩、质感三大要素,以及对专业制图、透视图、软笔表现技法、硬笔表现技法等设计表现形式的掌握。草图是设计表现在计算机时代重要的表现形式,如前所述是设计思维外化的过程。

6.1 快速设计表现简介

6.1.1 快速表现技法的形成与分类

1. 快速表现技法的形成

快速表现技法是相对于以往设计表现技法而形成的一种新的设计表现形式,是为应对迅猛发展的行业需求,应对日新月异的计算机辅助设计而派生出来的一种综合的设计表现形式。"快速"本身是时代对设计表现的需求。"快速"的背后应该有为"快速"而做的系列准备——设计表现的基本功,即美术基础、设计能力、设计技法综合技能、艺术修养……以及可以实现"快速"的物质技术条件等。

快速表现技法是在学习设计表现之后对设计表现技法的综合认识与灵活应用,是将艺术设计、技术设计、材料、工艺等诸多因素综合于一体的表现形式。就图面内容而言,以表达设计师的设计意图以及记录构思为主,同时也可以与计算机设计制图、手绘工程图相结合,成为在激烈竞争中设计师用来表达设计思想的快捷工具,以及传达设计意图的媒介;是竞争、谈判中不可缺少的快捷表达设计语言形式。

2. 快速表现技法的分类

(1) 徒手绘制工程图与透视图技法。

(2) 工程图着色技法。

(3) 计算机辅助设计表现。

6.1.2 快速表现技法的特点

1. 快速性

(1) 设计思考的快速性:设计任务是否能够完成,这取决于设计师的设计能力和设计思维。现代设计特别是竞争激烈的工程投标往往是有时间限制的,这就要求设计师平时就要注意提高艺术修养,积累设计经验,增强工程设计的能力,以及练就过硬的设计表现能力,即当工程设计任务到来时能够迅速做出应对与判断。设计思考的过程往往是一种"闪现",是头脑中应对工程设计内容所进行的排列组合;快速思考的必然结果是迅速记录、设计,也即脑、眼、手、纸同时运作,想到的同时也画在纸张上了,将想象直接记录下来,这要求手的速度要跟上脑的思考。思考的快速性能带动手的快速表达。

(2) 设计表达的快速性:快速思考与判断的直接结果应是快速表达在纸上,迅速呈现于眼前,这是激烈竞争的要求,也是设计表达的特性。快速表达设计方案有助于方案产生的多样性。它注重用尽可能少的绘图过程，表现丰富的设计内容，以提高绘图的效率（见图 6-1-1）。头脑思考与记录构思同步。图 6-1-2 为判断比较构思方案后产生的设计结果，具有极强的创新性和工程内涵。

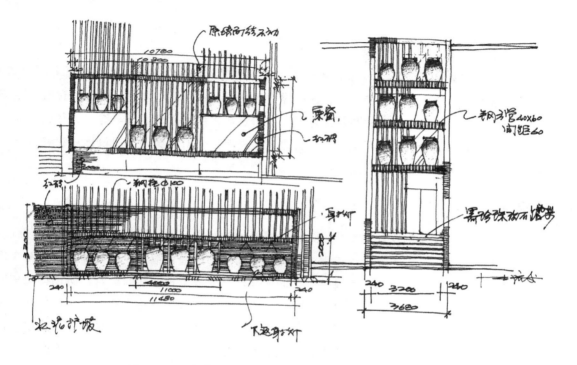

图 6-1-1　酒庄室内空间设计酒柜立面方案（屈彦波　绘制）

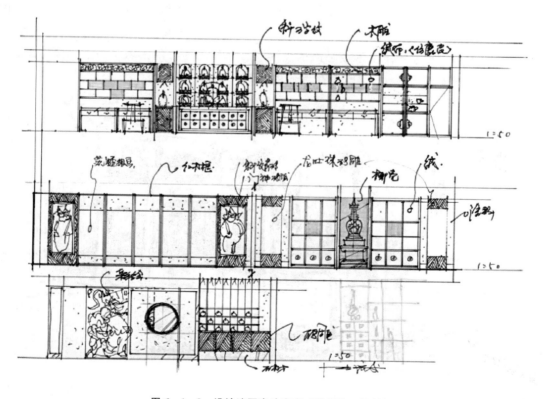

图 6-1-2　设计速写表达方案（屈彦波　绘制）

（3）创意性强：设计的内涵是创新，尽管环境艺术设计是对室内外空间的组合，是建立在建筑设计基础上的，但设计的内涵依然离不开创新。所谓的创意性，是指可以通过快速表现来提高设计师的思维，使注意力集中，以此提高想象力。有许多灵感来自于草图方案的绘制过程，创意是设计的灵魂，是将诸多因素集中到笔尖和设计表现图上的结果。快速表现正是创新的结果。

2. 快速表达是设计分析判断之必然

将头脑中的思考方案绘制于纸上（尽管图形有时会很潦草），有助于设计的反复思考与分析判断。让图形反过来刺激大脑，使思考进一步深入，这一过程是由纸上的草图引发的，需要通过眼睛的观察使图形及时反馈回大脑，让大脑进入进一步的工作状态。通过反复的思索、判断与综合，使设计方案逐步深入、设计构思逐步完善。绘制设计草图的过程就是深入思考、分析方案、解决设计中存在的问题的过程，所以快速设计是一种设计语言，也是一种分析思维的方式。

6.1.3　快速表达的作用

快速表达是一种设计交流的媒介。现代设计不仅需要长时间的工作，同时也需要能在现场就将设计思想直接交流给甲方的能力。不论是修改方案，还是记录交流的结果，都需要迅速地将设计图表现于纸上。不论是与甲方进行会晤、交流，还是设计师之间的交流，或是工种之间的配合、协调，都离不开设计图纸，特别是设计草图。作为一种设计交流的媒介，快速表现技法充当着语言所无法胜任的角色。通过现场绘制草图、勾画设计意图，既可以记录灵感，又可以直接将设计意图表达给对方，这是设计专业人员的基本功。千里之行始于足下，只有在设计速写的基础上进行不断的实践，才能熟能生巧。

6.1.4　快速设计表现的基础——设计速写

速写与设计速写差别在于"有"与"无"，设计速写是在无的基础上创造有的过程，是一个思维过程的记录，而美术速写则是将观察到的行为、动作、环境、物品记录于纸上，是一个由"有"进行观察，然后将观察到的事物绘制于纸上形成画面的过程。虽然经过画者的提炼、加工，但还是属于"有"的记录过程。图6-1-3和图6-1-4为写生绘制的速写。

图6-1-3　辽宁千山速写

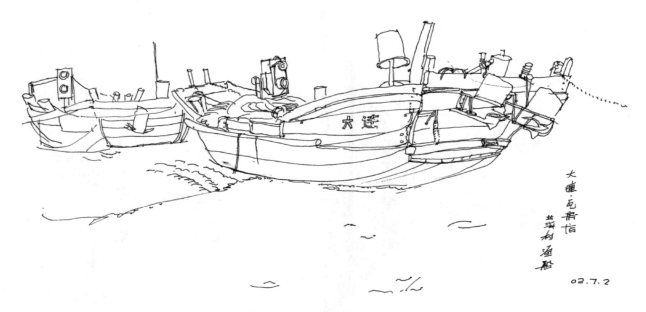

图6-1-4　大连渔村写生速写

设计速写是在"无"的基础上，由设计师思维、判断，然后绘于纸上的，是由"无"形到"有"形的过程。设计速写作为设计师表现设计与表达意图的工具，被广泛应用到设计领域。其作用有三个：一是记录性速写，主要用于收集资料记录造型；二是设计性草图，主要用于设计人员记录自己的构思，以及对方案的推敲；三是将方案展示出来，用于设计人员的内部交流或直接用于与甲方的交流。图6-1-5至图6-1-7为酒店装修工程设计速写。

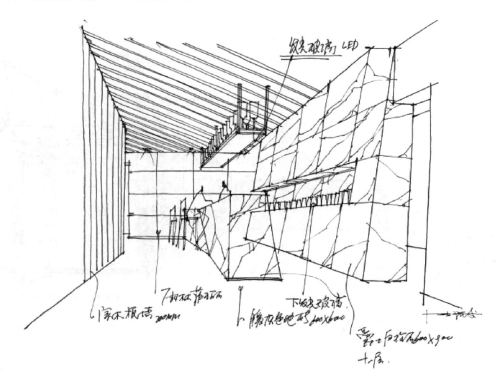

图6-1-5　酒店装修工程设计速写（屈彦波　绘制）

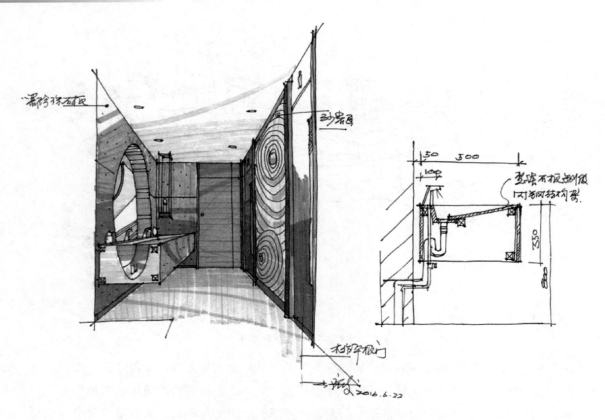

图 6 - 1 - 6　酒店装修工程设计速写（屈彦波　绘制）

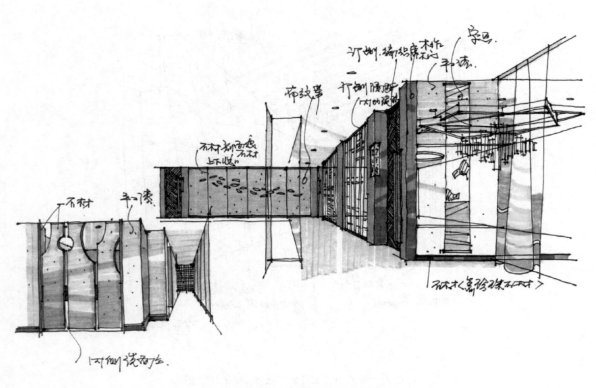

图 6 - 1 - 7　酒店装修工程设计速写（屈彦波　绘制）

6.2 平面图快速表现

6.2.1 徒手绘制平面图

绘制设计性草图（设计速写），不仅在于纸与笔的配合，更在于脑的思考，以及将思考绘于纸上并传达给对方的过程，其核心是表达出空间意境与工程性。

绘制环境设计工程图的第一步是绘制平面布置图，绘制室内外环境空间透视的依据也是平面布置图。徒手绘制平面图的基本要领是绘制"标准的线"，在具备设计速写基本功的前提下，绘制平面草图是一项创意性与技术性结合的工作。

6.2.2 徒手平面图画法

1. 拷贝纸草图法：在建筑 CAD 平面图的基础上绘制设计草图，一般先将 1∶100 平面图打印出来，然后再在图纸上面蒙一张拷贝纸或硫酸纸，不用描绘建筑原图，只需做好轴定位就能直接徒手绘制平面图。

2. 坐标纸徒手法：在没有 CAD 图的情况下，通过测量得到建筑内外空间图形及尺度，并透过坐标纸在拷贝纸或硫酸纸上来徒手绘制 1∶100 和 1∶50 等比例的建筑平面图，并进行相应的平面布置。

3. 图纸、复印纸法：在图纸、复印纸上直接徒手绘制平面图，通过长期的专业设计工作的磨炼，其徒手基本技能会不断提高，对线段的长短所代表的比例、尺度也会有所判断。目测、眼力、尺寸的准确度是徒手绘制平面图的基础。不过，这里需要指出的是绘图时要尽量合乎比例，不然所绘制的平面草图既不具备技术性，也无法表达真实的设计意图。图 6-2-1 为某公司控制室的手绘平面布置图，比例为 1∶100。

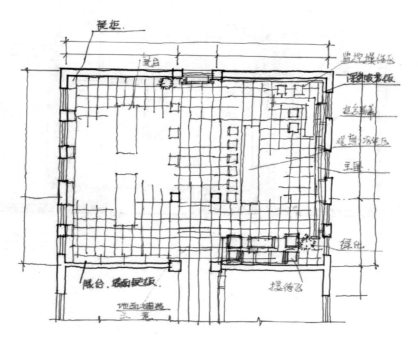

图 6-2-1　某公司展示控制室平面布置（硫酸纸）

6.2.3 快速平面图着色

白图自然可以使用，但作为方案不妨用马克笔、彩铅着色，使平面布置图立体化（见图6-2-2左图，它是在图6-2-1的基础上进行的着色，该图平面布置较为紧凑、功能较为单一，为了突出所布置的家具为其平面加阴影。图6-2-3和图6-2-4为在CAD平面图上进行的平面布置方案。

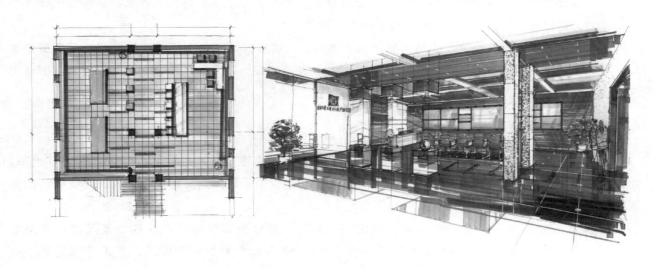

图6-2-2 某公司展示控制室

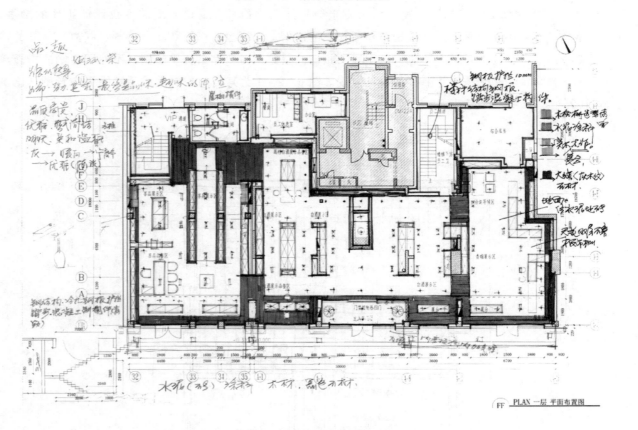

图6-2-3 元禾烟酒行平面设计方案（屈彦波 绘制）

图 6 - 2 - 4 元禾烟酒行平面设计方案（屈彦波 绘制）

6.3 立面图及透视图快速表现

6.3.1 立面图的快速表现

设计方案的产生源自设计思考与构思，是设计师设计思想的体现。当设计灵感闪现时，设计师将其记录于纸上，并在纸上进行进一步的推敲和绘制后所产生的图就是我们所说的分析草图。图 6 - 3 - 1 和图 6 - 3 - 2 为思考、判断、推敲而形成图解式图纸，它不同于正规的图与正式的效果图，而仅是一个工作性的、记录式的图纸。利用设计速写的形式绘制立面图，通过点、线、面的勾画，看似漫不经心的描绘，却是设计核心内容的集中体现，只要能表达设计意图即可，也会适当地加入一些记录性的色彩，以及一些必要的文字说明，来进一步表现设计思路，丰富设计表现的层次。

立面图的快速表现与平面布置图的快速表现方式一致，同样有拷贝纸草图法、坐标纸徒手法、图纸与复印纸法。而且在室内工程设计中，往往只有平面图和立面图需要自己绘制，所以利用图纸与复印纸进行徒手绘制立面方案是常有的事。图 6 - 3 - 3 为徒手绘制的立面图方案，反映了设计空间意境。

6.3.2 徒手绘制效果图

在表现性记录草图的基础上，绘制工程图之前的方案论证也是一个重要环节，围绕徒手绘制的工作性效果图展开的，它不同于用直尺等工具绘制的效果图，徒手绘制的过程也是方案在设计师脑中进一步深化的过程，有利于对方案进行更深层次的展开，也有助于将构思更细致、准确地表现在效果图中，其特点是快速性与创意性的结合，即在创意中完成效果图。

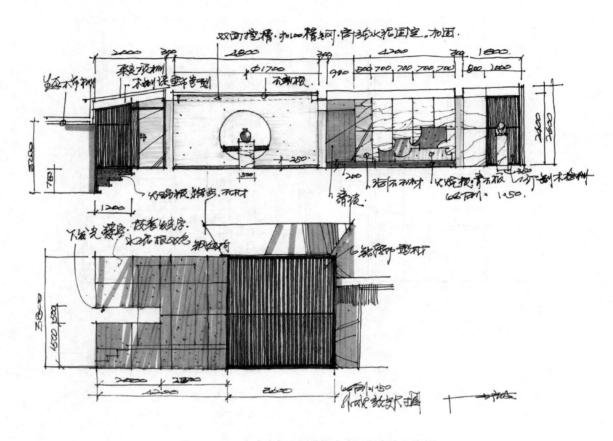

图 6-3-1　室内空间立面草图方案（屈彦波　绘制）

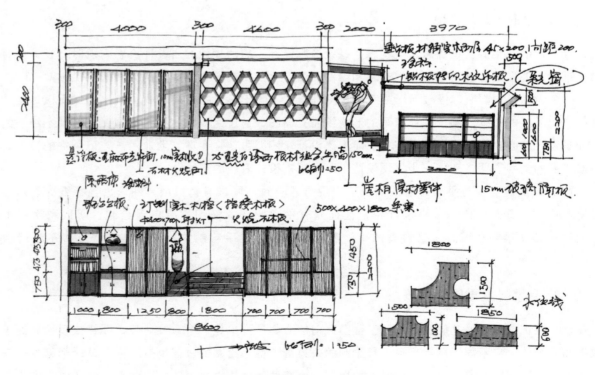

图 6-3-2　立面设计方案（屈彦波　绘制）

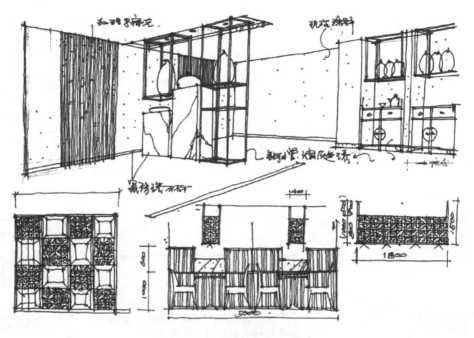

图 6 - 3 - 3　设计速写草图方案（屈彦波　绘制）

　　图 6 - 3 - 4 为从设计效果图的角度出发徒手绘制草图。然后在此基础上进行深入刻画，形成钢笔、彩色铅笔、马克笔三种效果图。在草图绘制阶段需要对方案进行思考与深入分析，这时不妨利用其中某一形式展开设计，会对深入设计思维和确立设计形态大有帮助。

图 6 - 3 - 4　快速表现效果图

6.3.3 快速绘制设计方案案例

图6-3-5至图6-3-28为某烟酒行的设计方案系列图，在这里必须指出的是创新是设计的核心，手绘是原创的第一步，不同设计阶段的图示形式有所不同，从徒手图设计开始，经过设计论证后形成的计算机效果图与装修竣工后的实际照片，呈现出设计与施工后的状态回顾。

图6-3-5为该烟酒行门脸的手绘设计表现图，依据建筑形式做出判断，绘制出手绘方案，马克笔着色并依据此方案制作出门脸的3D效果图，准确地表达了空间尺度，使用材质与表面细节。图6-3-6为计算机辅助设计效果图。对比两图，可以感受到原创与设计表现各自的韵味。

外立面手绘方案三

图6-3-5 元禾烟酒行手绘门脸（屈彦波 绘制）

外立面效果图方案三

图6-3-6 元禾烟酒行计算机辅助设计效果图（屈彦波 提供）

图6-3-7为一层吧台室内设计方案，采用徒手透视、马克笔近乎平涂的手法，表现设计的内容与意境，突出了设计表现空间的简洁与快速性，以及创意性强的特点。图6-3-8为该手绘表达的计算机制图，是对方案进行深化的过程。图6-3-9和图6-3-10也是一组手绘与计算机绘制的对比。

图6-3-11至图6-3-13为二层洽谈区手绘方案的手绘表达图、3D制作图及竣工后的照片，设计师在绘制透视图的同时，也绘制了家具的立面图，流露出很强的设计思维过程，尽管图面上不拘泥于形式显得多余，但及时的记录设计构思比画面质量更重要。另外，将家具"跨域"进行中式语义装饰是该区域设计的重点，也是出彩的"眼"。立面图表达了其结构层次。

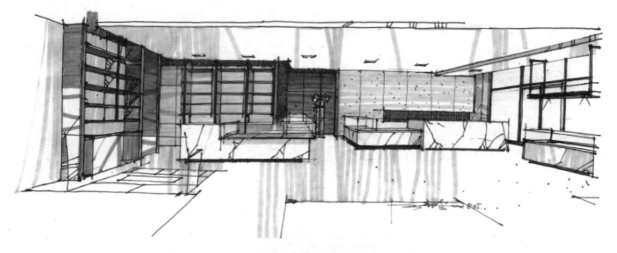

图 6-3-7　一层吧台烟草区手绘效果图（屈彦波　绘制）

图 6-3-8　一层吧台烟草区计算机深化效果图（屈彦波　提供）

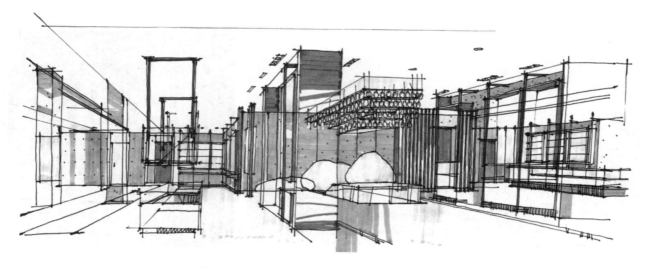

图 6-3-9　酒品展示区手绘方案（屈彦波　绘制）

图 6-3-10 酒品展示区计算机辅助制图（屈彦波 提供）

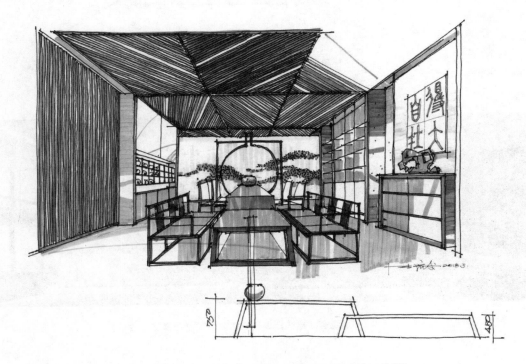

图 6-3-11 二层品鉴洽谈区手绘方案（屈彦波 绘制）

图 6-3-12 二层品鉴洽谈区 3D 方案（屈彦波 提供）

图 6-3-13 二层品鉴洽谈区竣工照片
（屈彦波 提供）

图 6 - 3 - 14 至图 6 - 3 - 16 为该烟酒行的茶品展示区方案与竣工照片，由此可以看出设计思考的重要性，设计师通过对工程性质的掌握，将待装修的建筑空间立体化、形象化，这些都是大脑思考的结果，是在头脑中产生了形态，旁人是看不到的，然后将它绘于纸上时就成了草图，也就是最有价值的内容。在草图的基础上徒手绘制效果图是用于深入推敲及内部讨论的，当然作为汇报及投标资料，直接展示其徒手图部分更具有说服力。回望设计与施工的历程，从设计初期草图——徒手快速效果图——CAD及 3D 表现图——竣工图，是一个闭合的链条，草图和效果图作为设计验收的依据，决定了一个设计方案是否可以贯彻始终，是否完整（施工阶段的方案调整是经常有的）。但把一个设计做到底，可以与工程照片进行比较，当是"设计"这件事的诠释。图 6 - 3 - 16 至图 6 - 3 - 28 为 6 组手绘方案与 3D 表现图对应的方案比较。手绘是设计表达的第一步，且各自的韵律不同。

图 6 - 3 - 14　茶品展示区手绘方案（屈彦波　绘制）

图 6 - 3 - 15　茶品展示区 3D 方案（屈彦波　提供）

图 6 - 3 - 16　茶品展示区竣工照片（屈彦波　提供）

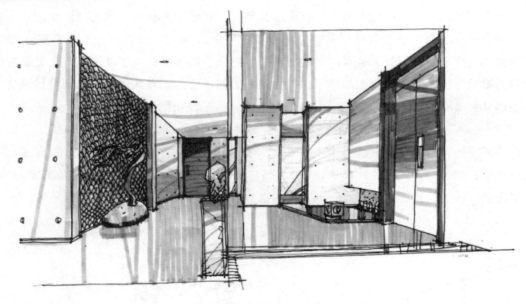

图 6-3-17 二楼走廊手绘方案（屈彦波 绘制）

图 6-3-18 二楼走廊 3D 方案（屈彦波 提供）

图 6-3-19 VIP 茶室 3D 方案（屈彦波 提供）

图 6-3-20 VIP 茶室手绘方案（屈彦波 绘制）

图 6 - 3 - 21   总经理办公室手绘方案（屈彦波 绘制）

图 6 - 3 - 22   总经理办公室 3D 方案（屈彦波 提供）

图 6 - 3 - 23   餐饮包房 3D 方案（屈彦波 提供）

图 6 - 3 - 24   餐饮包房手绘方案（屈彦波 绘制）

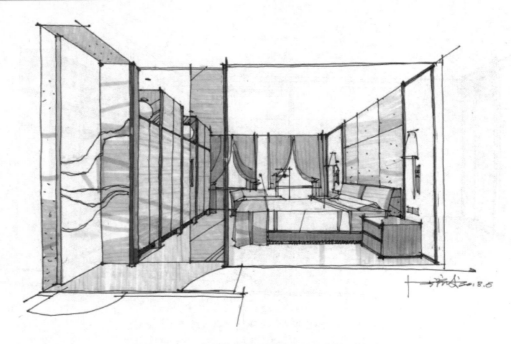

图 6－3－25　办公休息室手绘方案（屈彦波　绘制）

图 6－3－26　办公休息室 3D 方案（屈彦波　提供）　　　　图 6－3－27　家庭套房 3D 方案（屈彦波　提供）

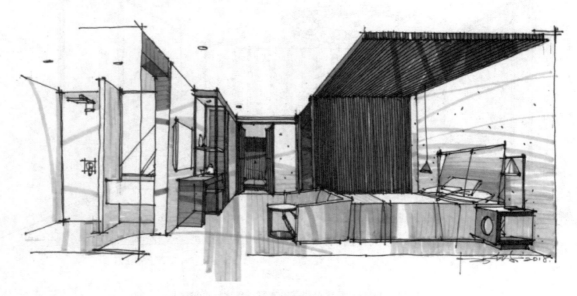

图 6－3－28　家庭套房手绘方案（屈彦波　手绘）

第7章　手绘表现与数字化

7.1　手绘与计算机绘图

计算机时代的到来使软件技术与设计艺术表现间的环节发生了认知与学习重心的转换。

对手绘表现技法在当今艺术设计领域中价值的思考，是摆在当今设计艺术专业面前的一个问题，随着时代的变迁、工作方式的快捷、生活节奏的提速、互联网和计算机软件的不断完善与普及，对设计艺术学习提出了新的要求，如何看待手绘与计算机绘图？手绘会消亡吗？有了计算机还要学习手绘吗？

若想回答这些问题，就要从人的自身找答案。

人的思维与表达在设计表现技法上表现为手、眼、脑的结合，即思考与表现是同步进行的。

美术课程的学习与训练和速写的不间断练习，为形象思维的形成及设计思维意识的培养奠定了基础。若想将思维意图表达到纸上，手绘是首选技法。完全依赖于计算机进行设计表现的条件尚未成熟，至少没有计算机能将脑的思考直接呈现出来，第六代生物计算机还在研发中，至于是否可以直接输出人的意识，尚在探索阶段。

目前，人与计算机之间是要通过思考与操作命令的转化，才能实现荧光屏上的表现。压感笔的出现解决了这一问题，影响思维与表现的障碍在不断减小。但设计创意阶段使用计算机进行绘图时，多数是在进行命令的转化，这往往会削弱设计方案的思考，而倾注于计算机的操作，不如在纸上绘制草图、修正方案来得更直接。所以在设计思维与草图阶段，徒手绘制是常见的工作程序。

现代设计意识在不断发展，实现思维与表现的途径也在不断拓宽。

7.1.1　传统的设计方式

作为经典的工作方式，在相当长的历史时期内，绘图（手绘）对于设计师而言就是一切。它是培养设计师最重要的途径，也是从事职业活动最重要的手段。由于设计知识的更新以及计算机的出现，在现代设计学的发展过程中，传统的绘图（培养）模式受到了前所未有的挑战，开始进行自觉或不自觉的修正。

手绘在传统设计工作中有四层意义：

第一，手绘是培养艺术设计专业人才的基本手段；

第二，手绘是艺术设计构思阶段的工作方法；

第三，手绘是设计艺术领域原创成果表达的首要途径；

第四，手绘是平时收集工作资料的手段。

由此看来，传统的（徒手）绘图至少在四个层面上仍具有明显的优势，虽然它不是唯一手段，但却是非常有效可以提高设计师艺术修养。设计过程中的构思草图具有快速、高效、便捷的特点，在收集资料的同时还经过了大脑的加工，起到锻炼观察能力的作用；然而，在设计成果表达方面，计算机则完全占据了主导地位。

7.1.2　现代的设计方式

以建筑设计为例：现代的建筑设计师们将建筑的核心问题从比例转移到了空间、从二维走向了三维，于是用草图研究空间的方法就表现出了明显的局限性，建筑师们开始逐步使用模型研究的方式代替单一的草图设计方法。

中国的建筑设计领域培养人才时始终带有西方学院派的痕迹，绘画训练是培养建筑师艺术修养的主要，甚至是唯一的手段，也是建筑设计的工作过程以及设计表达的目标。

在现代的工作方式中，草图依然是设计思维最直接、最快捷的表现方法，同时在模型制作之前，创作的依然是手绘草图。

现代设计手法认知随着科学与艺术的不断发展而变化，从科学性的计算出发，高等数学、三大力学理论到具体的材料、结构、工艺等的认知，都是设计师所必须具备的；从艺术性的角度出发，哲学、美的形式法则、社会学等的认知无不在影响着设计思维与方法的研究。现代设计学科领域内的三大构成，设计素描等将传统美术教学进行了调整，特别是色立体及色彩数字化的普及，给现代设计表达方式带来便利。但原创是设计的灵魂，运用好现代技术和设计理论，从单一地追求设计效果到融入实际领域，这将是一个系统的过程。原创是从脑到手，脑、眼、手联动是设计原创的直接表达方式。

7.1.3　数字化时代的工作方式

计算机时代的到来给设计艺术学科的发展带来了重大的影响。人们看到了计算机带来的便捷，看到了计算机产生的图形，这给设计思维带来了冲击。计算机的优势在于表达最终成果，其光、色、质及环境氛围的逼真程度是手工渲染所望尘莫及的，但这仅止于最后阶段。首先，运用计算机可以精确地解决极其复杂的空间造型问题；其次，对于重复性的工作，计算机具有无比的优势。这两个特点体现了计算机作为设计工具的潜能，但如果过分依赖计算机，甚至将其作为设计的手段（而不是工具），设计艺术、建筑设计就很容易走向两个极端，要么追求过分复杂的空间造型，要么进行单调乏味的重复，结果诱发了一大批造型狂热分子，同时又催生了一批思维懒汉！（重复别人的设计思维，将复制粘贴作为工作终端。）电脑辅助设计以"表现"为手段替代了人的"设计"思考的过程，"构思"变成了"构图"，没有"草图"阶段的过程，"原创"仅仅是一个口号。

相对于传统的绘图手段来说，计算机运用的利弊主要体现在：

（1）作为培养艺术设计师艺术修养的基本手段，计算机显然还不能取代绘画或模型制作的训练方式；

（2）作为艺术设计构思的工作方法，计算机具有精确的特点，特别是在造型复杂的工作上更具优越性，可以与草图和实体模型并用，结合不同工作方法的优势；

（3）作为艺术设计成果的表达手段，计算机效果图（最终效果图）已在全球范围内得到广泛认同，并具有快速和易于操作的特点，这是传统绘画表达所无法匹敌的；

（4）作为收集资料的手段（思考、采集资料），计算机还未显示出任何优越性。

今天艺术设计的工作方法非常多元化，从传统的绘画到实体模型制作，再到广泛运用的计算机模拟将环境艺术设计带入了一个更加复杂的新环境，在给设计师提供多种工具的同时，也对设计师提出了更高的要求，设计师必须学会在这些不同的可能性中（组合）运用最为合理的工作方式。

7.2　计算机在手绘中的应用

手绘的过程是千差万别的，在扫描及拍照手段的帮助下将手绘效果图放在软件里进行调整，使效果图的形态、色彩、质感三大要素得到更深入的变现，赋予手绘表现新的语义，使其"正规化"，成为一种新的设计表达手段，即手绘表现＋计算机辅助设计。

设计表达软件源自传统手工制图的设计原理，模拟手工制图并融入材质及光的变化是计算机辅助设计的显著特点。在学习软件的同时，不断进行设计表现的思考与探索，3D、3Dmax、Adobe Photoshop（以下简称 PS）等软件不断地根据设计领域的需求推出新的版本，作为设计表现终端图无可厚非，但总归是另行制作的一个过程。作为原创在发挥手绘特点的同时，将手绘图与软件结合，深化设计意境的同时对原创内涵与韵味进行润色，结合手绘原创与计算机辅助表达双向的优势，形成创造与表现的有机集合，不失为一种探索，手绘加计算机可以从两个方面进行研究，一是手绘效果图用计算机辅助设计进行调整；二是手绘透视图用计算机着色。

7.2.1　手绘效果图计算机辅助调整

通过 PS 软件对手绘效果图进行整理，深化原创性，提高设计意境，使手绘效果图带有新的视觉感受，不失为一种快速表现的手段。下面通过实际设计表现过程来感受手绘效果图在计算机辅助下的演化。

图 7-2-1 为电影博物馆二楼展厅"素描式设计速写"方案，用一支铅笔迅速绘制出室内的空间层次及初步的意境。所表达展厅空间意图及电影博物馆的内涵与神秘性等细节和层次尚有待进一步的"加工"。

图 7-2-1　电影博物馆二楼展厅设计素描式方案

图 7-2-2 为电影博物馆二楼展厅设计草图，为该室内的硫酸纸加马克笔简单着色，且停留在"着色式设计速写"的表达，用写的形式绘制空间。

图 7-2-2　电影博物馆二楼展厅设计草图

设计速写起到了表达设计意图、迅速地记录构思的作用，完成了形态、色彩、质感的基本表达，若将其进一步加工就可以延伸设计草图的设计内涵，将其提升为设计效果图。

图7-2-3为电影博物馆二楼展厅计算机辅助着色，将图7-2-1和图7-2-2的设计意境过PS软件对手绘室内空间草图中的棚、墙、地进行仿马克笔式描绘，并增加灯光投影加强装饰陈设，起到了深化方案、保持原创、丰富空间层次与韵味的效果。

图7-2-3　电影博物馆二楼展厅计算机辅助着色（李润欣　绘制）

图7-2-4和图7-2-5为原手绘效果图的计算机辅助调整后的效果，它就起到了深化与加强表现的作用。利用贴图、布光等PS技法，强化效果。

图7-2-4　图4-4-15的计算机调整图（李润欣　绘制）

7.2.2　手绘透视图用计算机着色

填色的过程是借助计算机软件表达的过程，也可以理解为用PS替代手绘工具，利用计算机软件进行空间环境及细节的表达。这要求应具有良好的手绘基础，并熟练掌握软件使用。只有充分发挥软件的功能与特点，才能绘制出所需要的辅助表现效果图。计算机软件最大的优势是可以将着色与贴图进行有机的结合，使画面更加逼真，但它不同于3D建模、渲图、贴材质等制图过程，而仅仅是利用了PS所

图7-2-5　图5-4-7的计算机辅助调整稿

特有的绘图效果进行画面的描绘，并且方便对效果图进行修改与调整。

　　手绘透视图用计算机着色的基本步骤如下：

　　（1）扫描，存储：将手绘透视图进行扫描以得到电子稿，然后将其存储为JPG格式并在PS软件里打开进行绘图。

　　（2）选区：运用选框工具、套索工具，及魔术棒进行选区。

　　（3）模式：选取"正片叠底"或"正常"等方式进行着色模式的设定。"正片叠底"能使手绘墨线保留在画面中，但每上一遍色，颜色就加深一层。而"正常"模式下手绘墨线不易保留。

　　（4）选笔：用PS软件的画笔（主直径、硬度）的变化，叠加出"马克笔"的效果。

　　（5）着色：利用油漆桶工具、渐变工具等进行快速的填充色彩，形成画面的渐变。

　　（6）描边：在填色和绘制颜色后都可以在选区状态下对该区域进行描边，在编辑里选择描边工具。

　　（7）布光：给环境空间布光，是着色后要进行的一个必要的过程。进行着色后，仍然需要空间意境的表达。

　　图7-2-6至图7-2-8为手绘设计透视图利用计算机进行着色的设计表达的三个不同阶段的效果图。手绘设计表现的过程是将空间意境记录到纸上的过程，首先通过设计速写记录构思，用铅笔进行设计意境的描绘，图7-2-6为电影博物馆一层圆弧大厅设计思维徒手图。其次在此基础上求透视图（尺

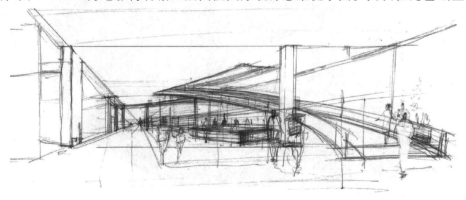

图7-2-6　电影博物馆一层圆弧大厅设计思维徒手图

规作图），完成空间尺度与比例关系上的调整，形成该方案的透视图，图 7-2-7 为电影博物馆一层圆弧大厅透视图。图 7-2-8 为电影博物馆一层圆弧大厅的 PS 着色效果图。

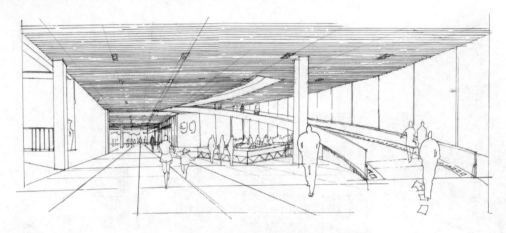

图 7-2-7　电影博物馆一层圆弧大厅透视图

图 7-2-8　电影博物馆一层圆弧大厅设计方案［PS 着色（李润欣　绘制）］

图 7-2-9 至图 7-2-17 为计算机辅助设计与手绘结合后所产生的计算机手绘效果图，手绘部分是通过设计速写、尺规求透视、徒手透视等形式获得的，然后再通过扫描或翻拍获得电子稿。如前文所述，在 PS 软件里进行绘制所产生的效果图。

图 7-2-9　电影博物馆小电影厅设计方案［手绘草图　PS 着色　贴图（李润欣　绘制）］

图 7 - 2 - 10　电影博物馆过厅设计方案［透视图填色　贴图（李润欣　绘制）］

图 7 - 2 - 11　电影博物馆效果图［透视图填色　贴图（李润欣　绘制）］

图 7 - 2 - 12　写字楼手绘电脑填色效果图（屈沫　绘制）

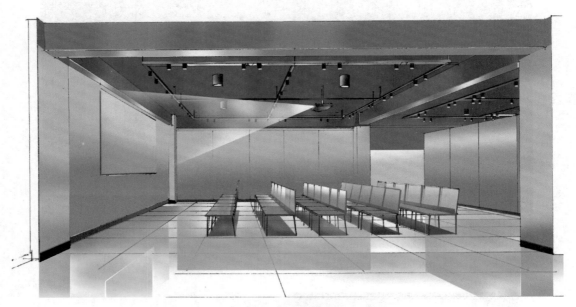

图 7 - 2 - 13　校史馆小放映厅手绘透视（PS 填色）

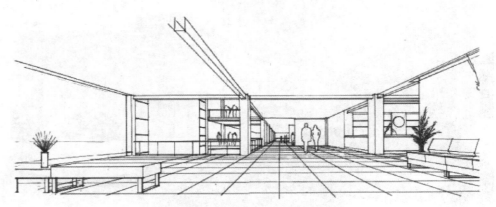

图 7 - 2 - 14　校史馆展厅手绘透视图

图 7 - 2 - 15　校史馆展厅（手绘　透视填色）

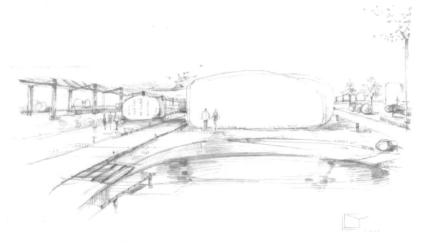

图 7 - 2 - 16　某主题公园设计铅笔稿

图 7 - 2 - 17　某主题公园设计计算机着色图